给小朋友的话

　　小朋友，你每天背着沉甸甸的书包，做着数不清的作业，是不是有时候会觉得辛苦、疲惫呢？可能有时候你也会这样想：如果获得知识也能像玩耍那样快乐该有多好啊！

　　本套丛书正是为你所设计的。从一个个简单、有趣的故事中，从一幅幅漂亮、好玩的插图上，使你在学习时能拥有一个轻松、舒适的氛围，并从书中探知你从前所不知道的世界，获得更多有用的知识。

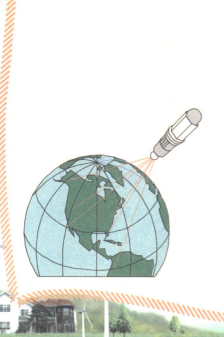

序言

给家长的话

您的孩子现在正处于少年儿童时期，他们天真活泼、富于幻想，有很强的好奇心和求知欲，对身边的新鲜事物总是想要探究一下，"为什么"也就成了他们挂在嘴边的言语之一。这个时候，我们家长千万不能不理睬、不回应他们的好奇心，也不要随便找一本《百科全书》就扔给他们。作为孩子的启蒙教育者，我们更应该精心挑选一些适合他们这个年龄段阅读的生动有趣的知识性图书，并且要积极地引导他们在阅读过程中多加思考。这样不仅能够使他们真正获得丰富有用的知识，而且还能够培养他们主动思考的好习惯，从而开阔孩子的视野，并有益于他们未来的人生道路。

如今这个时代，人们极力呼吁素质教育和能力教育。从孩子的成长过程来看，能力最初来源于知识的不断积累和对思维方式的创新与开发。从无数的例子中可以发现，孩子最初并不常对某些事情发表看法，最主要的原因是他们对这些事情一无所知。然而，一旦他们非常了解一件事情，即使是最内向的孩子，也会想要将自己获得的知识告诉别人，此时如果得到鼓励，他将会更加积极地探究、思考更多的事情。长此以往，孩子的头脑中关于思考、创新的部分将得到很大的锻炼和提高，最终一定有利于他们未来的人生道路。

为此，我们特意编写了这套蕴含着丰富知识的系列丛书，在兼具科学性和趣味性的同时，结合当今时代的特征和少年儿童的特点，将最新的科学、人文知识介绍给广大的小读者们。这不仅可以帮助他们认识世界、了解世界，而且也是对课本内容的补充和深化，有助于提高孩子们的综合素质和个人能力。

我最喜爱的第一本百科全书

天文奥秘
一点通

周 周◎编著

北京联合出版公司
Beijing United Publishing Co.,Ltd.

图书在版编目（CIP）数据

天文奥秘一点通 / 周周编著． -- 北京 ：北京联合出版公司，2014.8（2022.1重印）

（我最喜爱的第一本百科全书）

ISBN 978-7-5502-3447-5

Ⅰ．①天… Ⅱ．①周… Ⅲ．①天文学－少儿读物 Ⅳ．①P1-49

中国版本图书馆CIP数据核字（2014）第190061号

天文奥秘一点通

编　著：周　周

选题策划：大地书苑

责任编辑：徐秀琴

封面设计：尚世视觉

北京联合出版公司出版

（北京市西城区德外大街83号楼9层　　100088）

北京一鑫印务有限责任公司印刷　新华书店经销

字数233千字　710毫米×1000毫米　1/16　14印张

2019年4月第1版　2022年1月第3次印刷

ISBN 978-7-5502-3447-5

定价：59.80元

目录

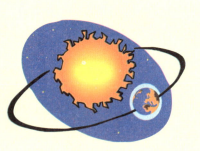

1 宇宙从何而来？

关于宇宙的起源，大多数科学家都认同"大爆炸宇宙论"。"大爆炸宇宙论"认为，宇宙诞生于大约150亿年前的一次大爆炸。这个理论最早是俄国物理学家伽莫夫

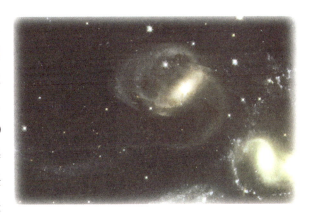

在1950年前后提出的，他认为：宇宙起始于一个"原始火球"。在原始火球里，那时物质处于一种极不稳定的状态，温度和密度都高得无法想象，最终使原始火球发生了爆炸。这次爆炸涉及宇宙的全部物质及时间、空间。爆炸导致宇宙空间处处膨胀，宇宙开始向四面八方后退，慢慢形

成了各种天体，温度也相应下降。当温度降到10亿摄氏度左右时，宇宙间的原始微粒开始失去自由存在的条件，它要么发生衰变，要么与其他微粒结合。组成人类世界的化学元素就是从这一时期开始形成的。这个大爆炸的过程大约经历了30万年。"大爆炸宇宙论"是帮助人们认识宇宙学的最重要理论之一。

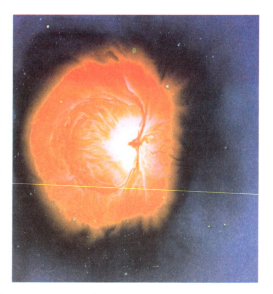

放射性元素的衰变规律

有一种化学元素可以自己发出一股射线，然后再变成另外一种元素，它就是放射性元素。而这种放射性元素发出射线变成另一种元素的规律就叫做放射性元素的衰变规律。

小资料

考考你

1."大爆炸宇宙论"最早是（　　）提出的。

A 哥白尼　B 伽利略　C 伽莫夫

2."大爆炸宇宙论"认为宇宙起始前，物质处于（　　）的状态。

A 极不稳定　B 很稳定

C 有的稳定、有的不稳定

答案：1.C 2.A

2　宇宙的年龄是多少？

　　"宇宙的年龄"就是宇宙诞生至今的时间，可是没有人看见宇宙是什么时候诞生的。人们虽然不知道它的过去，但是可以根据它的现在来推知过去。美国天文学家哈勃发现，宇宙诞生以来一直急剧地膨胀着，使得天体间都在相互退行，这种退行的速度与距离成正比。这个比例常数叫做"哈勃常数"，它的倒数就是宇宙的年龄。

　　根据这个原理，得出的结果大致在 100~200 亿年之间。人们对天体退行速度的测定比较一致，但是关于天体之间距离的测定就不大一样了。天文学家一般是以测定某个星系中"造父变星"来推知星系的距离的，但是这只适用于近距离星系。

天文奥秘一点通

用这种方法对遥远星系并不适用，但是要精确地测定退行速度，遥远星系比较合适。

如何测定遥远星系的距离呢？可以利用比"造父变星"更亮的"行星状星云"，或者是利用超新星爆炸。用这种方法得出的宇宙年龄是80~120亿年。

关于比例的数学定义

正比，是指两个事物或一个事物的两个方面，一方发生变化，另一方随之起相应的变化。而反比则正好相反，指一方发生变化，另一方起相反的变化。

比例常数，是表示固定比重的数。

倒数，如果两个数的积是1，其中一个数就叫做另一个数的倒数。

小资料

考考你

1. "宇宙的年龄"就是宇宙（　）至今的时间。
A 诞生　B 爆炸　C 消失
2. 要精确地测定退行速度，（　）比较合适。
A 遥远星系　B 近距星系　C 造父变星

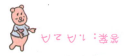

答案：1.A 2.A

3 宇宙的未来会怎样？

宇宙是无边无际的，它的形状和体积应该是不会变化的。但是美国天文学家哈勃却发现，离银河系越远的星系，它的退行速度就越快。这是他根据描绘的星系之间的距离，比较了它们的退行速度之后得出的结论。哈勃的这一发现具有重大意义，被称为哈勃定律。按照哈勃定律，星系正在飞速地向四面八方远离，那么整个宇宙一定在不断地膨胀。这样，宇宙的形状和体积就不会是永远不变的了。但是，这种膨胀会持续到什么时候呢？天文学家们目前还没有得出具体的结论。

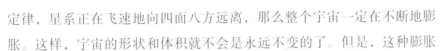

宇宙的未来会怎样呢？这是人们都关心的事情。其实，宇宙的未来要么永远

天文奥秘一点通

膨胀下去，要么发生大坍缩。如果宇宙在临界密度（1立方米有3个氢原子）以下，就会因为没有足够的引力保持凝聚在一起，而永远膨胀下去。如果宇宙在临界密度以上，引力就会促使宇宙坍缩，发生大坍缩现象。

宇宙退行与临界

目前，人们普遍认同宇宙起源于150亿年前的一次大爆炸，并持续高速膨胀着。1929年，美国天文学家埃德温·哈勃提出，宇宙中这些星系的退行速度在有规律地增加，一个星系的退行速度与其距离成正比。临界是指由一种状态或物理量转变为另一种状态或物理量的最低转化条件。

小资料

考考你

1.（　）国的天文学家哈勃发现，离银河系越远的星系退行速度就越快。

A 美　B 中　C 英

2.临界密度是1立方米有（　）个氢原子。

A 4　B 3　C 2

答案：1.A 2.B

4　宇宙中有什么？

　　宇宙是一个无边无际、没有中心、没有形状的物质世界，包括行星、恒星、星云、尘埃等以及依附它们的一切物质和空间。

　　人们居住的地球只是太阳系的一颗行星，太阳系还有另外的七颗行星：水星、金星、火星、木星、土星、天王星、海王星。除了水星和金星之外，每颗行星都有自己的卫星。太阳系中已发现的卫

天文奥秘一点通

星约有 66 颗，在太阳系中，还有众多的小行星、彗星、流星等。太阳系仅仅是银河系的一小部分，在银河系中有无数像太阳一样的恒星。在银河系之外，还有很多像银河系一样的星系，人们称为"河外星系"。

人类对宇宙的认识，从太阳系到银河系，再扩展到河外星系，视野已达到 100 多亿光年外的宇宙"深处"，人们把这些统称为"总星系"。但是在总星系之外，还有很多未知的东西等待着人们去发现和了解。

度量宇宙的尺子——光年

光年是天文学上表示距离的单位，光在真空中 1 年内走过的路程为 1 光年。爱因斯坦认为光在真空中的传播速度恒定，为每秒钟 30 万千米，光一天能走 259.2 亿千米，这个长度的 365 倍，就是 1 光年。

考考你

1. 地球是一颗（　　）。
A 行星　B 恒星　C 卫星
2. 太阳系八大行星除了（　　）都有卫星。
A 土星和水星　B 水星和金星
C 火星和金星

答案：1.A 2.B

5 为什么宇宙有限而无边？

宇宙包容万物，无边无际，而现代宇宙学理论认为宇宙有限而无边，这是什么意思呢？

对人们来说，地球已经是一个庞然大物了，乘飞机绕地球一周也得几十个小时，然而太阳竟然能容下130万个地球，它却只是银河系中的普通一员。银河系中有着上千亿颗像太阳这样的恒星，而银河系外还有数不清的像银河系一样庞大的星系。目前人们借助望远镜至少可以看到100亿光年以外的天体，然而人们看到的只是宇宙的一小部分。受到望远镜的限制，人们还看不到宇宙的全貌，也不能确定宇宙到底有多大。

然而从物理的角度来看整个宇宙，它在时间和空间

天文奥秘一点通

上都不是无限的，而很可能是由于一次久远的大爆炸形成的。但是这样一个有限的宇宙，人们却永远无法找到它的尽头，因为宇宙是没有边缘的。爱因斯坦的广义相对论已经证明，由于宇宙中物质的引力作用，人们的三维立体世界在宇宙的尺度上是弯曲的。正是因为时空的弯曲，人们在宇宙中航行的时候就会遇到永远也走不到尽头的现象，这就是"宇宙无边"的最基本含义。

度量宇宙的尺子——光年

我们学习的几何图形大多是由长和宽两个值表示的，它是在二维的平面内。而在空间中，点的位置要由三个坐标决定，具有长、宽、高三种度量，是一个三维立体的世界。当我们再加上一个时间的标度，就构成了四维的时空，它是人们研究宇宙的最基本的维度空间。

小资料

考考你

1．太阳竟然能容下（　　）万个地球，它却只是银河系中的普通一员。

　　A 120　　B 130　　C 140

2．目前人们借助望远镜至少可以看到（　　）亿光年以外的天体。

　　A 100　　B 110　　C 120

答案：1.B 2.A

6 为什么用光年来计算空间距离？

在浩瀚的宇宙中，如果再用米、千米这些长度单位来衡量天体之间的距离，就太不方便了。因为天体之间的距离实在太遥远了，人们平时使用的长度单位对它们来说太微不足道了。那么，应该用什么长度单位来计算天体之间的距离呢？目前人们常用的是光年。

光年并不是时间单位，而是长度单位，它指的是光在一年的时间里所走过的距离。光的速度是最快的，每秒钟可以走 30 万千米，相当于绕地球 7 圈半，光在一年中走过的距离约为 9.5 万亿千米。离地球最近的

恒星是比邻星，它与地球的距离是 40 万亿千米，用光年计算就是 4.22 光年。这样来计算就比较方便了。

天文学上还有比光年小的计算单位，如天文单位。1 天文单位就是地球到太阳的平均距离，约 14960 万千米，它主要被用来计量太阳系以内的天体间的距离。也有比光年大的计算单位，如秒差距等。1 秒差距约为 3.2616 光年，206265 天文单位或 308568 亿千米，主要用于量度太阳系外天体的距离。

宇宙极限速度——光速

光速一般是指光在真空中的传播速度，为 3×10^8 米／秒，它也是所有电磁波在真空中的传播速度，是物理学中最重要的基本常数之一。光速是目前发现的极限速度，也就是说在宇宙中它是信息传递速度中的绝对极限，它把时间与空间以一种根本的方式联系在一起。

1. 光年指的是光在（　　）的时间里所走过的距离。

　　A 一天　B 一月　C 一年

2. 在天文学中一般用（　　）作为计算长度的单位。

　　A 千米　B 光年　C 年

答案：1.C 2.B

7 宇宙中会不会发生"交通事故"？

宇宙中一般不会发生"交通事故"，因为虽然星空看起来稠密，但实际上天体之间的距离十分遥远，而且无论是行星还是恒星以及其他各种天体，都各自受到某一种或几种引力的影响，

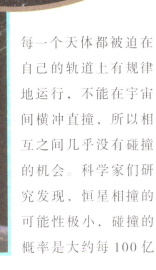

每一个天体都被迫在自己的轨道上有规律地运行，不能在宇宙间横冲直撞，所以相互之间几乎没有碰撞的机会。科学家们研究发现，恒星相撞的可能性极小，碰撞的概率是大约每 100 亿

天文奥秘一点通

年才会发生一次。当然如果把彗星与行星相遇、流星陨落也算是"交通事故"的话，这样的"事故"倒是有可能发生。在太阳系中，有时就会发生彗星撞击行星或太阳的"事故"。

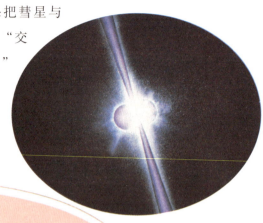

万有引力

　　万有引力就是任何物体之间由于具有质量而产生的相互吸引力，简称引力。地面上物体所受的重力，就是地球对物体的吸引力。地球、行星之所以能绕太阳运行，是由于它们受到太阳的吸引力。月球、人造卫星围绕地球运动，是由于它们受到地球的吸引力。

小资料

考考你

　　1．天体之间的距离（　　）。

　　A 很近　B 不是很远　C 非常遥远

　　2．恒星碰撞的概率（　　）。

　　A 很大　B 非常小　C 现在还不知道

答案：1.C 2.B

8 为什么宇宙中绝大部分物质是看不见的？

人们能看见宇宙中的恒星、星系、气体、尘埃等，但是它们的全部只占宇宙总质量的1%~2%，宇宙中的绝大部分物质是不能被肉眼看见的。既然它们不能被肉眼看见，人们又怎么得知它们的存在呢？

由于这些用肉眼看不见的"暗物质"存在着引力，而这种引力对恒星、星系等可见物质的影响是能够测知的。天文学家就根据研究暗物质的引力作用来推断它们的存在以及它们占宇宙总质量的比例。

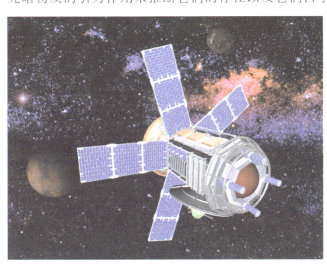

暗物质都包括什么呢？行星、行星群、褐矮星、黑洞、中微子等，不过这些都是探索中的事物，还没有最后的定论。

有两个宇宙学专家小组根据"宇宙背景探测

天文奥秘一点通

卫星"的观测资料提出，宇宙主要是由冷、热两种暗物质组成的，前者占宇宙物质总量的 69%，后者占 30%，人们用肉眼看得见的物质占 1%。根据这种"混合型暗物质模型"，他们断言，引力不会使宇宙收缩，现存的宇宙将会永远膨胀下去。

无处不在的星际物质

宇宙空间是一个寂静的世界，但它绝不是死气沉沉的、静止的，而是存在着许多运动着的物质。这些物质包括星际气体、尘埃、各种星际云、星际磁场、宇宙线和粒子流等，人们把它们叫做星际物质，它们就像空气中的灰尘，无处不在，但又十分稀薄。

1. 人们能看见宇宙中的恒星、星系、气体、尘埃等的全部只占宇宙总质量的（　　）。

A 1%~2%　B 2%~3%　C 3%~4%

2. 天文学家根据（　　）的引力作用来推断它们的存在以及它们占宇宙总重量的比例。

A 恒星　B 暗物质　C 黑洞

答案：1.A 2.B

9 太空是一片漆黑吗?

宇宙中有无数的恒星,这些恒星都会发光发热,它们表面的温度随之升高。但是宇宙也是一个无限的空间,宇宙空间的温度比恒星表面的温度低得多,所以,宇宙空间在人们看来就是漆黑的。如果人们在太空里看宇宙,一定与在地

球上看到的很不一样。因为在太空里,由于没有大气层的影响,星星们都显示出它们本来的颜色,不再是地球上所看到的单一的白色,而是呈现出黄、红、蓝、白等多种颜色。同时,由于没有大气的折射,星

天文奥秘一点通

星看起来也不会再闪烁了。这时，宇宙就像黑色的背景，而满天的星星像是黑色背景上镶嵌的一颗颗五光十色的宝石。从热力学的角度看，不仅现在宇宙空间是漆黑的，将来也会是漆黑的。

热力学

由热能产生的做功的力称为热力，热力学就是研究热力的学科，它是热学理论的一个方面。热力学主要是从能量转化的观点来研究物质的热性质，它揭示了能量从一种形式转换为另一种形式时遵从的宏观规律。

小资料

考考你

1. 宇宙空间的温度比恒星表面的温度(　　)。
A 高　B 低　C 一样
2. 宇宙空间将来会是 (　　)。
A 漆黑的　B 发光发热的
C 五光十色的

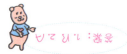

答案：1.B 2.A

10 太阳为什么会发光？

为什么太阳会发光，这是人们长久以来都在探索的重要问题。以前由于受到科技研究手段的局限，虽然各种各样有关太阳能源的猜测陆续被提出，却总是找不出足够的科学依据。直到 1938 年发现了原子核反应，人们才终于解开了太阳能源之谜：太阳的光和热是氢核聚变后发出的，也就是说，太阳是靠原子能来发光、发热的。

太阳发光时，利用自身的重力把氢拉向中心，经由氢核聚变成氦核的热核反应产生巨大的能量，以辐射的方式，由内部转移到表面，

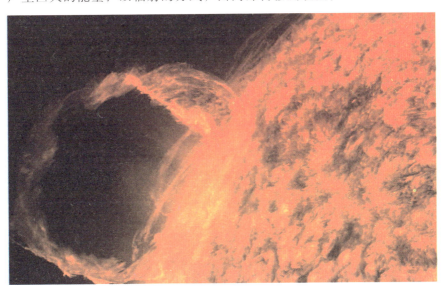

天文奥秘一点通

再发射到宇宙空间。实际上人们看到的太阳光仅是太阳产生的能量中可见光的颜色，其他的光波几乎都是不可见的。太阳以这样的方式持续地进行这种反应，而太阳所含的氢，至少还可供它继续发光 50 亿年以上。

原子能源

原子能也叫核能，是原子核发生裂变或聚变反应时产生的能量。物质所具有的原子能要比化学能大几百万倍甚至一千万倍以上。原子能具有非常广泛的应用前景，如利用核能发电等。热核反应是原子能反应的一种形式，指在极高温度下，氢元素的原子核产生极大的热运动而互相碰撞，聚变为另一种原子核。

小资料

考考你

1. 人们能看到的太阳光是太阳能量中（　　）的颜色。

A 可见光　B 紫外线　C 激光

2. 原子核反应是在（　　）发现的。

A 1967 年　B 1938 年　C 1983 年

答案：1.A 2.B

11 什么是太阳黑子？

太阳黑子是人们最熟悉的一种太阳的表面活动。通过一般光学望远镜可以看到太阳表面有许多黑色斑点，这就是太阳黑子。一般认为，太阳黑子是太阳表面巨大的旋涡状气流产生的。太阳黑子并不黑，只是因为旋涡状气流的温度为4600℃，比太阳表面的正常温度低1400℃还多，所以看起来是黑的。太阳黑子的大小、多少、位置和形态等并不是固定的，它们会随时间的变化而变化。

太阳黑子是太阳表面光球层活动的重要标志，有的年份多，有的年份少，有时甚至几天、几十天日面上都没有黑子。1843年，德国一名天文学家发现太阳黑子每11年会达到一个最高点，这11年的时间就被称之为一个太阳黑子周期。

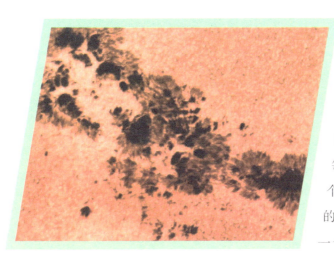

天文奥秘一点通

天文学家把太阳黑子最多的年份称为"太阳活动峰年"，太阳黑子最少的年份称为"太阳活动宁静年"。

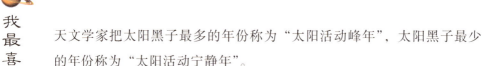

最早的太阳黑子记录

世界上公认的最早有关太阳黑子的记录，是记录在中国史册《汉书·五行志》中。这是公元前28年5月10日观测到的一次大黑子。这比欧洲人发现太阳黑子早800多年。

1. 一个太阳黑子周期是（　）年。

A 8　B 10　C 11

2. 太阳黑子的周期是（　）的天文学家在1843年发现的。

A 英国　B 德国　C 美国

答案：1.C 2.B

12 太阳黑子为什么比较黑？

中国古代的《汉书·五行志》中有一段记载"日出黄，有黑气，大如钱，居日中央"，这是世界上关于太阳黑子的最早纪录。几千年来中国关于太阳黑子的史料还有很多，是一笔宝贵的科学遗产。

太阳黑子为什么比较黑呢？其实，这是因为它们的温度相对于太阳光球比较低。通常光球的温度是6000℃，而太阳黑子的温度在3845℃~5315℃之间，两者相比之下，太阳黑子就比较黑了。但是如果把太阳黑子单独拿出来，它比月亮还要亮呢！太阳黑子的温度为什么比光球

023

的温度低呢？有人认为是太阳黑子区的强磁场阻止了太阳深处的热量传到太阳黑子的表面，使它的温度降低了。也有人认为，是太阳黑子通过非辐射的方式将太阳黑子区的能量传输出去，使得本身的温度降低了。

太阳磁场

磁场是传递物体间磁力作用的场。太阳有着极为强大的磁场，在它的表面一些点上的磁场强度要比环绕地球的磁场强约 6000 倍。太阳磁场与地球不同，地球上的磁力线整齐地排在两极之间，而太阳的磁力线走向则在 11 年太阳活动周期的高峰期变得杂乱无章，很不规则。

1.（　）是世界上有关于太阳黑子的最早纪录的国家。

　A 中国　B 美国　C 英国

2. 太阳黑子的温度比（　）的低。

　A 日冕　B 月球　C 光球

答案：1.A 2.C

13 为什么太阳有日冕？

当日全食发生的时候，原本金灿灿的太阳虽然被月球遮住了，但是在它的周围仍然可以看见一圈银白色的光芒，好像扣在太阳上的一顶大帽子，这就是日冕。

日冕是太阳大气的最外层，可以延伸到几个太阳半径，甚至更远处。日冕的主要成分是质子、离子和高速自由电子。日冕在太阳活动

极盛的时候，接近圆形，也特别大。而在太阳活动平静的时候就向赤道区延伸，比较扁。日冕的温度异常高，随着高度的增加，温度会从几万摄氏度，猛然升到几十万摄氏度。

日冕的亮度只相当于光球的百万分之一，

天文奥秘一点通

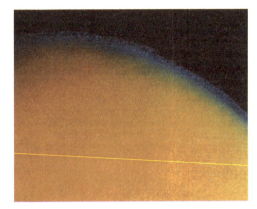

所以在平时，日冕微弱的光，总是被光球的强光给吞没了。甚至在日偏食、日环食的时候也不能看见，只有在日全食的时候，人们才能看见它的真面目。后来人们发明了日冕仪，天文学家们就是通过它来观测日冕的。

日冕仪

日冕仪是一种能人为制造日食，用来研究太阳的日冕和日珥形态和光谱的天文仪器，是法国默东天文台的李奥于1930年发明的。日冕仪最初必须放到高山上使用，以避免地球大气散射光的影响。现在已经可以放到火箭、轨道天文台、空间站上进行大气外观测。

1.（ ）是太阳大气的最外层。

A 日冕 B 光球 C 色球

2. 只有在（ ）的时候，人们才能看见日冕。

A 日偏食 B 日全食 C 日环食

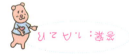

答案：1.A 2.B

14　太阳也"刮风"吗？

　　1850年，一位英国天文学家在观察太阳黑子时，发现在太阳表面上出现了一道小小的闪光，它持续了约5分钟。尔后，人们又陆续观察到了太阳的这种现象，并发现当这种现象的发生方向朝向地球时，在此后的一段时间地球上会出现奇怪的事情：极光变得更加强烈，罗盘和无线电等也受到干扰。科学家们经研究证实，这些现象是由一种连续存在的、由太阳抛射出的高速运动的粒子流，也就是人们所说的"太阳风"所造成的。

　　太阳风的存在，给人们研究太阳以及太阳与地球的关系提供了

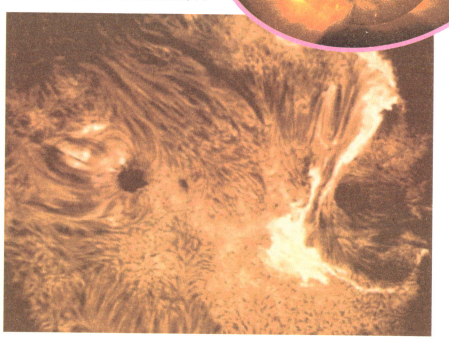

天文奥秘一点通

方便。一般来说，太阳大气从内到外可分为光球层、色球层和日冕。日冕位于太阳的最外层，太阳风就是在这里形成并发射出去的。当太阳风到达地球附近时，与地球的磁场发生作用，从而影响了地球本来的磁场环境，形成了人们看到的奇特现象。使彗星产生尾巴的也是太阳风，彗星在靠近太阳时，星体周围的尘埃和气体会被太阳风吹到另一面去，从而形成长长的尾巴。

太阳的结构

太阳内部从里向外，可以分成产能核心区、辐射区和对流区三个层次。氢聚变为氦的热核反应就在产能核心区中进行。能量通过辐射、对流传到太阳表层，然后辐射出去。太阳表层由里向外，分为光球、色球和日冕三层，构成了太阳的大气。

小资料

考考你

1．太阳风会使（　　）受到干扰。

A 直流电　B 交流电　C 无线电

2．太阳风是在太阳大气的（　　）形成并发射出去的。

A 日冕　B 色球层　C 光球层

答案：1.C 2.A

15 为什么说太阳刚到"中年"？

地球上万物生长都要靠太阳，太阳给地球带来了光和热，没有太阳，人类也就没有了生存的基本条件。那么，太阳到底还能"活"多少年呢？天文学家告诉人们，太阳已经活了50亿年，还可以继续活50亿年，现在的太阳正处于它的"中年"时期。

天文学家们是怎么得到这个结论的呢？太阳是一个硕大的燃烧着的火球，它燃烧的是什么东西呢？是木材、煤炭、汽油？显然，通过计算很容易就把它们都排除了，因为如果太阳的燃料是它们的话，太阳的寿命就应该分别为2076年、5504年和7544年，这显然与现

天文奥秘一点通

实不符。

　　直到 20 世纪 30 年代末，核物理学家提出了 4 个氢原子核聚变成 1 个氦原子核的"热核反应"原理，解决了这个问题。这时人们才确定，太阳燃烧的材料是氢。但是太阳的这种燃烧并不是化学中氢气燃烧的变化，而是整个原子核的变化。据估计，每燃烧 1 千克氢产生的能量就相当于 19000 吨煤所产生的能量。这样算来，太阳还可以稳定地燃烧 50 亿年。

地球生物的生命之源——太阳

　　太阳光经过 1.5 亿千米的长途旅行来到地球，把光明和温暖带给地球上的生物。植物通过光合作用合成碳水化合物，进而制造蛋白质、脂肪。植物又被动物吃掉，通过食物链将能量一层层向上传递，最后把能量传递给人类。因此，可以说地球上的生命是由太阳光驱动的。

考考你

　　1. 天文学家告诉人们，太阳已经活了（　　）亿年。

　　　A 50　B 60　C 70

　　2. 核物理学家提出了（　　）个氢原子核聚变成 1 个氦原子核的"热核反应"原理。

　　　A 6　B 5　C 4

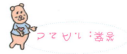

答案：1.A 2.C

16　如果太阳老了，人类怎么办？

　　太阳一直在不停地燃烧自己，发出光和热，会不会有一天燃烧殆尽呢？科学家计算过，如果太阳按照现在的速度继续"燃烧"下去，至少还可以发50亿年的光和热。等太阳"燃烧"完了之后，科学家目前设想的对策有：一种是移民，人类可以移居到其他适宜生存的星球，或是减轻地球质量，使它脱离现在的轨道从而远离太阳的危害；一种是提前对太阳进行改造，使它可以存在更长的时间；还有一种就是制造一个人工的太阳。当然，这三种设想

天文奥秘一点通

要实现起来都很困难，不过不要担心，人类还有 50 多亿年的时间探索，一定可以想出一个可以保护地球和地球上生命的万全之计。

太阳系的边界

20 世纪 50 年代，荷兰天文学家奥尔特提出，在太阳系最外围，大约距离太阳 15 万天文单位的地方，有一个近乎均匀的球层结构，其中有大量的原始彗星，这个球层被称为奥尔特云，直径约为 1 光年，那里可被视为太阳系的边界。然而这一观点，仍有待天文学家做进一步的考证。

1．以现在的燃烧速度，太阳还可以维持（　　）年。

A 36 亿　B 50 亿　C 100 亿

2．太阳的光和热是（　　）发出的。

A 不停　B 有短暂间隔的　C 有很长的间隔

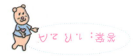

答案：1.B 2.A

17 太阳也自转吗？

大家知道，地球和月球都在不停地自转，因此产生了昼夜的变化。那么，太阳也会自转吗？

科学家们在观测太阳黑子时，发现太阳也是在自转的。持续不断地观察同一群太阳黑子在太阳表面的活动，就会发现它的位置一天比一天由西向东移动着，这个发现有力地证明了太阳同地球一样，也是由西向东自转的。如果这群被观测的太阳黑子生命足够长的话，人们就可以看着它从太阳表面的西边缘移动到东边缘，

033

天文奥秘一点通

然后隐没不见，因为这时它已经转到太阳的后面了。十多天以后，它又会从太阳的西边缘转出来，因为太阳带着太阳黑子自转了一圈。

科学家们认为，太阳是一个高温的气体星球，它自转的方式与固体的地球一样做整体自转。在太阳表面，不同纬度的自转周期是不相同的，在太阳的赤道附近比较快，大约是25天自转一周；而在纬度比较高的地方，自转的周期就比较长，自转的速度也比较慢。在八大行星中，只有水星和金星的自转周期比太阳长。

太阳的公转

太阳不仅在自转，同时也率领着整个太阳系，以每秒250千米的速度，绕着银河系的中心飞行，这就是太阳的公转。太阳的公转周期约为2.5亿年。太阳在绕银河系的中心公转的同时，还以每秒20千米的速度向着武仙座方向飞奔。

小资料

考考你

1．科学家们在观测（　）的时候，发现太阳也是在自转的。

A水星　B月球　C太阳黑子

2．太阳的自转周期在赤道附近比较快，大约是（　）天自转一周。

A 25　B 26　C 17

答案：1.C 2.A

18 为什么地球离不开太阳?

地球上万物的生长都靠太阳,太阳与地球上所有的生命都有着直接的关系。地球表面的水,经过太阳光的照射蒸发,形成了天上的云。云冷却后变成雨水降落到地面,滋润着万物的生长;还有植物、海藻以及一些微生物,它们利用太阳能将二氧化碳和水转化为有机物,这构成了所有生物食物链的开端。

地球的能量全部来源于太阳,太阳给予地球温暖和光亮。如果没有太阳,地球将陷入永远的阴冷和黑暗之中。但是当太阳放射出的耀斑和

天文奥秘一点通

太阳风所携带的带电粒子进入地球大气层时，也会使地球上的通讯和电力受到干扰。而地球上的很多风景，如美丽的极光现象，也是由于太阳的原因形成的。

太阳的耀斑

太阳大气有时候会在短暂的时间内释放大量能量，引起局部区域瞬时加热，使得各种电磁辐射和粒子辐射突然增强。因为它只发生在一小块地方，而这一块地方的温度比其他地方温度高，看起来就像太阳上有了一块耀眼的斑点，所以被称为耀斑。

小资料

考考你

1．地球上万物的生长都靠（　　）。

A 太阳　B 月亮　C 其他星体

2．极光现象是由（　　）原因造成的。

A 太阳　B 月亮　C 火星

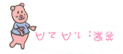

答案：1.A 2.A

19　季节为什么会变化？

一年四季，春夏秋冬，周而复始地变化着。这是因为，地球时时刻刻在围绕着太阳公转。当太阳光直射到地球表面的时候，温度升高，地球表面就表现为炎热的夏季。当地球绕到太阳的另一边，地球表面只受到太阳光的斜射时，地球表面接受到的热量减少，就表现为冬季。当北半球接受太阳光的直射而处在盛夏时，南半球则面对太阳光的斜照而正值隆冬。北半球的春天又对应着南半球的秋天，这时两个半球得到同样多的阳光。这便是四季的由来。

地球自转的地轴与公转的轨道面有一个 23°27′ 的夹角，因此人们把北纬 23°27′ 的纬圈叫北回归线，南纬 23°27′ 的纬圈叫南回归线，

天文奥秘一点通

意思是太阳的直射以此为界，然后便开始掉头返回了。而北极圈、南极圈则各有半年时间照耀着不落的太阳，另外半年则陷入漫长的黑夜。由于地球绕太阳轨道不是一个标准的正圆，因此南半球比北半球的夏天更热，冬天更冷。

四季的划分

中国与西方有不同的标准来划分四季。中国的四季强调季节的天文特征：分别以立春、立夏、立秋、立冬为四季的起点，但这样的四季，与实际的气候情况并不符。西方的四季划分，则较多地侧重于气候方面，它把春分、夏至、秋分、冬至看作四季的起点。

小资料

考考你

1．南北半球（　）同时是夏季。
A 不可能　B 肯定可以　C 有可能
2．南极圈和北极圈分别有（　）全是白天。
A 一个月　B 三个月　C 半年

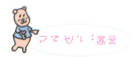

答案：1.A 2.C

20 晚上会出太阳吗?

从天文学的角度来看，夜晚出太阳是绝对不可能的。但是在中国古代的史书中却记载着晚上出现太阳的事。例如，在《汉书》中记录了汉武帝建元 2 年，即公元前 139 年 6 月 11 日夜里出现太阳。《晋书》中记载晋元帝大兴元年 11 月乙卯，即公元 318 年 11 月 16 日夜里出现太阳，中间有绿红色。《建康志》中记载梁武帝普通元年 9 月乙亥，即公元 520 年 10 月 25 日夜里，东方出现太阳，呈现红色。直到明代，在嘉定县志和吴县志均记载了嘉靖 33 年夏 4 月 23 日，即公元 1554 年 5 月 23 日夜里，在西边出现太阳的事。这些记载都明白无

天文奥秘一点通

误地记录了晚上出现太阳的奇观。

　　科学家们对这种现象的解释各不相同。有人认为这是外星人驾驶的"飞碟"光顾地球,是不明飞行物;有的则认为是彗星;有的认为是太阳的冕状极光。在适当条件下,太阳冕状极光会变成一个边缘不明显的圆形发光体,而且呈红色,所以很容易将此误认为是太阳。这些解释虽然各执一词,各有各的道理,但有一点是肯定的,即夜间出现的所谓"太阳"绝对不是真正的太阳。

美丽的极光

　　在地球南北两极附近高纬度地区的高空,夜间大气稀薄的地方常会出现灿烂美丽的光辉。它轻盈地飘荡,同时忽暗忽明,发出红、蓝、绿、紫的光芒。这种壮丽动人的景象就叫做极光。它是由太阳与大气层合作表演的作品。

小资料

考考你

　　1．从天文学的角度看,夜晚(　　)出现太阳。
　　A 很有可能　　B 绝对不可能　　C 绝对有可能
　　2．夜间出现的"太阳",(　　)真的太阳。
　　A 当然是　　B 绝对不是　　C 可能是

答案：1.B　2.B

21 日食是怎么回事？

人们知道，月亮围绕地球转动，而地球围绕太阳转动。地球和月亮都是不发光的球体，它们在太阳的照射下，背向太阳的一面自然会产生黑影。当月亮运行到太阳和地球之间时，如果太阳、月亮和地球正好位于或接近同一直线，月亮的阴影就会遮挡地球的表面，而被月影遮挡的区域，就形成了日食的现象。月球会在农历的每月初一运行到太阳和地球之间，因此，日食一定是发生在朔日，即农历初一。

不过并非每逢朔日都会发生日食现象。这是由于月球与地球二者的轨道之间有 5 度左右的夹角，导致在大多数的朔日里，月球尽管处

天文奥秘一点通

在太阳和地球之间，可是这三个天体并没有在一条直线上，也就不会发生日食了。日食可以分为日全食、日偏食以及日环食三种。不同类型的日食主要和日、地、月三者的距离以及成一直线的近似程度有关。

发生时间短的日食

无论是日偏食、日全食或日环食，时间都是很短的，在同一个地方看到一次日全食的时间最长不超过七分四十五秒。在地球上能够看到日食的地区也很有限，这是因为月球比较小，它的本影也比较小而短，因而本影在地球上扫过的范围不广，时间也不长。

小资料

042

考考你

1．日食肯定会发生在（　　）。
A 农历初一　B 农历初十　C 农历十五
2．日食可以分为（　　）种。
A 一　B 二　C 三

答案：1.A 2.C

22　太阳与人的距离早晨和中午一样吗？

太阳离人们的距离是非常遥远的，大约有 1.5 亿千米。如果人们驾驶超音速飞机直奔太阳的话，飞机的速度达到每小时 2000 千米，那也至少要花 8 年以上的时间才能到达。

而地球环绕太阳运行的轨道是一个椭圆的轨道，一天之内太阳什么时候离人们更近，是由地球在太阳轨道上的位置决定的。当地球到达近日点（冬至 12 月 22 日前后）太阳离地球最近，从这一天开始，地球开始远离太阳，一直到远日点（夏至 6 月 22 日前后）这一天达到最远。因此，地球从近日点往远日

点运动的过程中，每天早晨的太阳总会比中午的太阳离人们近。而从远日点到近日点运动的过程中，每天早晨的太阳则总比中午的太阳远。

近日点与远日点

由于行星或彗星绕太阳公转的轨道并非正圆，而是椭圆形，所以它们与太阳的距离并不时时相等。行星或彗星围绕太阳公转时离太阳最近的点叫做近日点，离太阳最远的点叫做远日点。地球的近日点在每年的 1 月初，远日点在每年的 7 月初。

小资料

考考你

1. 地球在近日点时，太阳离地球（ ）。

A 最近　B 最远　C 中间

2. 地球从近日点往远日点运动的过程中，早晨的太阳比中午的太阳离人们（ ）。

A 远　B 近　C 一样

答案：1.A 2.B

23 地球的形状和大小是在变化的吗？

　　地球本身是一个没有生命的物体，理论上讲，没有生命的物体是不会发生大小变化的。可是对地球来说，并不是这样，成语"沧海桑田"就很好地说明了这一现象。地球虽然没有生命，但是它却一刻也没有停止变化。

　　对于地球是在变大还是在变小的

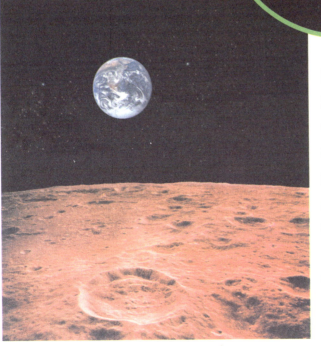

问题，目前的说法还不一致。科学家们有的认为，地球在不断缩小，他们通过对阿尔卑斯山所做的调查研究，推算出了地球半径比2亿年前阿尔卑斯山刚形成时，缩短了2千米；有的认为，阿尔卑斯山

天文奥秘一点通

的情况，不足以证明整个地球的发展，他们发现在赤道一带，地球半径有加长的现象；还有的则认为，由于地球有很强的引力，会将地球附近的宇宙尘埃不断地吸引到地球上，据估计，一昼夜进入地球大气层的宇宙尘埃，约有10万吨。

沧海桑田

"沧海桑田"原来的意思是海洋会变为陆地，陆地会变为海洋。这种沧桑之变是发生在地球上的一种自然现象。因为地球内部的物质总在不停地运动着，会促使地壳发生变动，有时上升，有时下降。挨近大陆边缘的海水比较浅，如果地壳上升，海底便会露出，而成为陆地，相反，海边的陆地下沉，便会变为海洋。

小资料

考考你

1．理论上，没有生命的物体是（　）变化的。
A 会　B 不会　C 不一定会
2．地球会将地球附近的宇宙尘埃（　　）。
A 排斥到离地球远的地方
B 吸引到地球上　C 不会碰它

答案：1.A 2.B

24　天有多高，地有多厚？

　　天高，自然要从地面算起。可是算到哪儿为止呢？人们都知道宇宙是无穷无尽的，所以，如果一直算到宇宙的尽头，那天就真的是无法丈量了。

　　人们所能知道的天高，通常是指大气层的高度。过去人们认为约有800千米，后来探测到在距地面1000~2000千米的高处仍有空气存在。近20年来，根据人造地球卫星和宇宙火箭的考察结果，在距地面2000~3000千米的高空，也找到了气体分子。

科学家们认为：地球内部可以分成地壳、地幔、地核三个不同性质的同心圈层。地壳在大陆上厚度平均 60 多千米。地壳以下到离地面 2900 千米间，叫地幔。地幔以下到地球中心的部分，是半径达 3471 千米的核心，叫做地核。所以从地球表面向下到地球中心整个地层的厚度大约是 6400 多千米。

地球有多大？

地球的大小，可以用下列数值表示：地球的赤道周长约 40075 千米；地球的表面积约 5.1 亿平方千米；地球的极半径（短半径）6356.9 千米；地球的赤道半径（长半径）6378.1 千米；地球的平均半径为 6371.2 千米。

小资料

考考你

1. 过去一直认为大气层到（　　）的地方。
A 800 千米　B 1200 千米　C 6400 千米

2. 从地球表面向下到地球中心整个地厚大约（　　）。
A 800 千米　B 1200 千米　C 6400 千米

答案：1. A 2. C

25 月球是怎样形成的?

目前，关于月球起源主要有三种假说。第一种假说是"同源说"，认为月球和地球都是大约 46 亿年以前，由同一块太阳星云形成的。由于凝聚作用，中心部分形成原始地球，它周围的气体团块状物质形成月球，在引力和离心力的作用下，形成了各自的运行轨道。第二种假说叫"分裂说"，认为月球和地球曾是同一个星球，当熔融状的地球自转很快时，月球被抛了出去，独立成为地球的卫星。第三种假说是"俘获说"，月球是在遥远宇宙形成的天体，后来因为飞到地球附近而被地球引力俘获。

天文奥秘一点通

科学家多数认同第一种假说，但自从登月计划实现后，三种假说都有致命的缺点。从天体力学来看，"俘获说"站不住脚；从月球上发现了六种地球上没有的矿物来看，"分裂说"也不能自圆其说。宇宙飞船带回的月面土壤标本，表明月球与太阳系的年龄大致相当，比地球早得多，因此也就否定了"同源说"。看来月球真正的起源问题，还需要人们继续探索。

天体力学

天体力学是天文学和力学之间的交叉学科，它以数学为主要研究手段，应用力学规律来研究天体的运动和形状。天体力学以往所涉及的天体主要是太阳系内的天体，上个世纪五十年代以后也包括人造天体和一些成员不多（几个到几百个）的恒星系统。

小资料

考考你

1．关于月球的起源，现在有（　）种假说。
A一　B二　C三
2．关于月球的起源，（　）认为地球和月球起源于同一块太阳星云。
A同源说　B分裂说　C俘获说

答案：1.C 2.A

26 月球上有风雨雷电吗？

月球的表面和地球的地貌差不多，也有湾、湖、谷、溪、断岩等，但是月球上没有空气，没有水，更没有生命。由于没有空气，也就没有风；没有大量的水汽，就没有形成雨的条件，也就没有云和雷电了。与地球的气象万千相比，月球只是一个无声无息、死气沉沉的世界。

月球上白天的温度能达到127℃，夜里温度会降到-183℃，昼夜温差

比较大。地球上的生物是不能忍受这样的温差的。月球的质量比较小，不能像地球一样凭引力把空气吸附在自己的周围。没有空气，就不可能有生命存在。况且月球表面白天的最高温度为127℃，此时即使有水分，也会马上被蒸发

天文奥秘一点通

掉。但是令人感到不可思议的是，1998 年美国"月球探索者"号飞船在对月球进行探测时发现，在月球的南北极，终年照不到太阳的环形坑土壤中，存在大量的水冰。据初步估计，这些水冰约有 1100 万 ~3.3 亿吨。这一消息无疑给人类关于在月球上建立永久性实验室或定居的设想带来了希望。

雷电是怎么形成的？

地面的热空气携带着大量水汽不断上升到天空，形成大块大块的积雨云。天上的积雨云受到地面上升热气流的冲击，在各部位发生电离而带强大的电荷。当两种带不同电荷的云接近时，便互相吸引而出现闪电。在闪电的冲击下，周围的大气和水汽剧烈膨胀就产生"轰轰"的雷声。

小资料

考考你

1.（　）的表面和地球的地貌差不多，也有湾、湖、谷、溪、断岩等。

　　A 月球　B 太阳　C 木星

2.（　）的质量比较小，不能像地球一样凭引力把空气吸附在自己的周围。

　　A 月球　B 太阳　C 木星

答案：1.A 2.A

27 月亮上为什么会有阴影？

每当月亮升起来的时候，地球上的人们就会看见月亮的表面有很多阴影部分，这些阴影部分有些看起来很像是一棵树，我国就有吴刚砍桂花树的神话故事，西方也有相似的神话故事。这些当然都是人们的想象，但是这些阴影到底是什么呢？

原来，月亮和地球上一样，也有山脉、平原和盆地等凹凸不平的地

貌。山脉的反射能力比较强，看上去就明亮，平原和盆地的反射能力比较差，看上去就是阴影了。

月亮上连绵起伏的山脉竟然多达十几条，最长的山脉有6400多千米，最高的山峰比珠穆朗玛峰还高，达到9000米。人们从地球上看见月球表面上的暗斑叫做

天文奥秘一点通

月海，是月球上的平原或盆地。月面的反射率非常低，平均为7%，其中月海的反射率约为6%，月面高地和环形山的反射率为17%，所以，在地球上看见的暗弱部分是月海，明亮部分便是山地。

天体的反射率

物体表面所能反射的光量和它所接受的光量之比叫做反射率，常用百分率和小数表示。行星的反射率是描述行星表面物理性质的一个重要物理量。在太阳系八大行星中以金星的反射率最大，为76%，水星的反射率最小，为10%。地球的反射率研究者们所得的数值各不相同，大体在35%～43%之间。

1.（　）的反射能力比较强，就看上去明亮。
A 山脉　B 平原　C 盆地
2. 月亮上最高的山峰比珠穆朗玛峰还高，达到（　）米。
A 10000　B 9000　C 8000

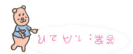

答案：1.A 2.A

28 月亮为什么时圆时缺?

因为月亮本身是不会发光的，它身上的光都是反射太阳的光。月亮在围绕地球转动时，它和太阳、地球的相对位置会时常发生变化。由于月亮在不停地围绕地球公转，时时改变着自己的位置，所以它正对着地球的半个球面与被太阳照亮的半个球面，有时完全重合，有时完全不重合，有时一小部分重合，有时一大部分重合。完全

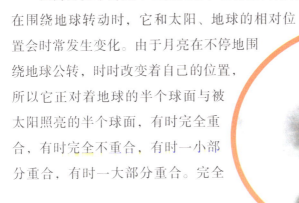

天文奥秘一点通

重合时，人们就看到一个圆圆的满月；完全不重合时，就看不到月亮；一小部分重合就看到弯弯的钩月；一大部分重合时看到的是胖胖的弯月，这样月亮就表现出了阴晴圆缺的变化。

月亮离我们有多远？

月亮是离地球最近的天体，是我们名副其实的近邻。从地球到月球大约有38万千米，如果以5千米／小时的速度步行，走完这段距离需要8年零9个月。

小资料

考考你

1. 月亮在绕地球转动时，它和太阳、地球的相对位置（　）。

A 时常发生变化　B 偶尔变化　C 一直不变

2. 月球本身（　）发光。

A 不会　B 会　C 会，但光很微弱

答案：1. A 2. A

29 为什么人们认为中秋之夜月亮分外明？

　　中国有句俗语："月到中秋分外明。"人们认为农历八月十五中秋节的月亮是一年中最大最圆的。但是从天文学的角度上看，中秋节的月亮并不比其他满月时更圆更亮。

　　月亮在一个椭圆形的轨道上运行，它离地球的距离时近时远。中秋节这天，月亮经常不在离地球最近的位置。而且，人们从地球看月亮是有圆缺变化的，从一个满月到下一个满月，大概需要 30 天，就是一个朔望月。"朔"是每个月的初一，15 天以后就是"望"。只有"朔"发生在初一，"望"才会在十五晚上，但这是很少见的。很多时候

天文奥秘一点通

望月并不在十五，而是发生在十六的晚上。因此人们也常说"十五的月亮十六圆"，可见中秋节的月亮并不一定是最亮最圆的。

人们认为中秋节的月亮分外明，是一种主观感受，另外也与季节有关。因为春天天气比较凉，人们不习惯赏月；夏天的月亮比较低，月光比较少，不适合观赏；冬天比较冷，没有人会出外聚众观赏；而秋天正好不冷不热，月朗星疏，最适合同家人朋友一起观赏。

月相变化规律歌

月黑无光称做朔，初二西天是新月，

初七初八月正南，明暗各半上弦月，

十五十六月儿圆，全月通明是满月，

二十二三半夜升，东明西暗下弦月，

黎明之前东方起，二十七八是残月。

每月一次日期定，月相变化记心中。

　1.（　）有句俗语："月到中秋分外明。"

　A 朝鲜　B 日本　C 中国

　2．月球是在一个（　）形的轨道上运行的，它离地球的距离是时近时远的。

　A 方　B 椭圆　C 圆

答案：1.C 2.B

30 月食是怎么回事？

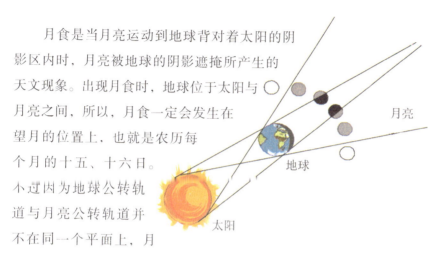

月食是当月亮运动到地球背对着太阳的阴影区内时，月亮被地球的阴影遮掩所产生的天文现象。出现月食时，地球位于太阳与月亮之间，所以，月食一定会发生在望月的位置上，也就是农历每个月的十五、十六日。不过因为地球公转轨道与月亮公转轨道并不在同一个平面上，月亮并非每个望月都会进入地球的阴影区域。在一般情况下，月亮不是从地球本影的上方通过就是在下方离去，很少穿过或部分通过地球本影，所以不可能每个望月都出现月食。每年月食最多发生3次，有时1次也没有发生。

月食分为月全食和月偏食两种。月食出现的时间比

天文奥秘一点通

日食长，月食的全食阶段比日全食要长许多。日全食的全食阶段仅为 7 分半（全过程多达 2 小时），可是月全食的全食阶段时间为 1 小时以上（全过程多达 3 个小时）。

地球的影子

　　地球的阴影分为本影和半影两部分。本影没有受到太阳直接射来的光，半影受到一部分太阳直接射来的光。月球在绕地球运行过程中整个都进入本影，发生月全食；只一部分进入本影，发生月偏食。它们都是本影月食。有时月球并不进入本影而只进入半影，则称为半影月食。

考考你

　　1．每年月食最多发生（　　）次。

A 1　B 2　C 3

　　2．月食分为（　　）两种。

A 月全食和月偏食　B 月全食和月环食

C 月环食和月偏食

答案：1. C 2. A

31 月球对地球生物有什么影响?

月球是地球唯一的自然卫星,和地球有着密切的关系。月球产生的引力对地球上的生物有很大的影响。

太阳的引力作用可以引起潮汐现象,这种潮汐叫做太阳潮汐,而月球潮汐的起潮力比太阳的起潮力大 2.25 倍。月球对人类和动植物都有影响。南非有一种海生动物只有在满月的时候,才会从洞穴里爬出来产卵。在月照下,植物生长的速度较快、长得较好,特别是对于几厘米高、发芽不久的植物,如向日葵、玉米等最有利;当花枝因损伤出现伤口时,月亮还能清除伤口中那些不能再生长的纤维组织,加快新陈代谢,使伤口愈合。精神病学家利博尔发现在大学生群体中,那些性格外向的学生在满月、新月期间更加容易情绪激动,而那些平时压抑的学生则会更加忧郁和迟缓,也就是说他们在这个时候的性格趋向会更加明显;他还对一些谋杀案作了统计和研究,发现在月圆前后的一周内,谋杀的发生

061

率较高;在满月和新月期间,心脏病人会疼痛加剧,发作的次数也会增加。

这些都表明,月球的引力影响了生命的节律,这是由于水是生命体的重要组成部分,月球的引力就像影响海洋的潮起潮落一样,引起了生命体的变化。

刚升起的月亮特别大

刚升起来的月亮总是让人觉得特别大,其实这只是我们的一种错觉。因为月亮刚升起时,我们眼睛很自然地拿它和地平线上的建筑物或其他物体作比较,就会觉得月亮特别大;等月亮升到高空后,那里没有什么东西可以和月亮比较大小,我们就会觉得小了一些。

小资料

考考你

1. 月球潮汐的起潮力比太阳的起潮力大( )倍。

A 2.50   B 2.55   C 2.25

2. ( )是生命体的重要组成部分。

A 水   B 蛋白质   C 维生素

答案:1.C 2.A

32 谁第一个登上月球？

自古以来，月球一直是一个神秘的星球。中国古代就有"嫦娥奔月"的传说，人们也一直梦想着登上神秘的月球。终于，在美国东部夏令时间1969年7月20日，美国的宇宙飞船"阿波罗"11号登上了月球，宇航员尼尔·阿姆斯特朗走下太空舱，率先踏上月球那荒凉而沉寂的土地，成为第一个登上月球并在月球上行走的人。当时，阿姆斯特朗说出了此后在无数场合常被引用的名言："这是个人迈出的一小步，但却是人类迈

天文奥秘一点通

出的一大步。"的确，这是人类有史以来第一次对月球做的最伟大的探险，人类完成了登月的梦想。从此，各国科学家都在进行研究，期盼着能够实现人类定居月球的计划。

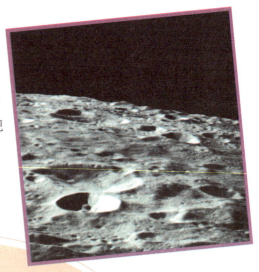

在月球上能跳多高

如果你现在能跳过1米，到了月球上，你就能跳6米那么高，因为月球比地球小得多，月球表面的引力只有地球上的1/6，人站在月球上身体会变得很轻，只有在地球上的1/6。

考考你

1. 第一个登上月球的宇航员是（　）。
A 阿姆斯特朗　B 加加林　C 奥尔德林．
2. 第一个的登上月球的宇航员是（　）人。
A 意大利　B 苏联　C 美国

答案：1.A 2.C

33　房屋能建造在月球上吗？

　　自从 1969 年人类首次登月后，人们一直在研究如何在月球上建造房屋，以供人们永久居住。在月球上建造房屋有着得天独厚的优势：月球上有丰富的资源，用月球上的岩石和沙子做成的混凝土，强度要比地球上的牢固得多。月球上还有大量的硅，用它可以制作电池，为居住的人们提供电源。但是，月球上的自然条件十分恶劣，白天的气温在 120 ℃左右，而晚上的气温在 –180 ℃左右，温差很大。此外，

人类还会受到宇宙射线的辐射和流星的袭击。所以，在月球选择建造房屋的地理位置十分重要。经过科学家仔细的考察研究，发现在月球南极附近大环形山中的平坦处是理想的建房区。

月球并不"美丽"

关于月球，自古以来就有许多美丽的传说，像嫦娥奔月等。实际上，月球是一个毫无生机的世界，这里到处死气沉沉，一片荒凉。月球上没有空气和水，昼夜温差相当大。月球的磁场也很弱，不能有效阻挡对生命有伤害的紫外线辐射和高速带电粒子侵入，因而没有生命生存。

考考你

1. 月球的昼夜温差（ ）。

A 很大　B 很小　C 没有差别

2. 科学家认为月球（ ）环形山的平坦处是理想的建房区。

A 南极附近　B 北极附近　C 所有

答案：1.A 2.A

34 月亮为什么会发出神奇的光？

1783年，威廉·赫歇尔用自己制作的22厘米的望远镜，第一个观测到了月球上阿里斯托克环形山附近阴暗地区有红色的闪光。1958年11月3日，苏联科学家拍下了月球阿尔

芬斯环形山中央峰上一次长达30分钟的粉色"喷发"型闪光的光谱图。1969年7月20日，阿姆斯特朗在月球着陆前夕，曾经看见阿里斯托克环形山发出的淡淡荧光。那时，两位德国的天文爱好者也在地面上看见了这种神奇之光。类似的月球发光现象已经记录了1400多起。

通过研究，人们发现月面的这种辉光现象多发生在月球经过近地点前后，此时月亮受到最强的地球潮汐作用，正处于月震的频发期。月震

天文奥秘一点通

是密封于月球表面以下的气体从裂缝和断层中逃逸出来，吹起月尘而引发的辉光。况且月面的闪光多发生于月球上受到太阳照射的明暗交界线处，这里的温差变化比较大，导致月岩破裂迸发放出"点子"，"点燃"了月岩中的气体，放出辉光。

月球背光面也有光

月球上没有空气，因此没有大气散射、折射等现象，但有时却能在它的背光面看到淡淡的光。原来，这是来自地球大气反射的阳光。在农历每月初五以前和廿五以后，由于地球与月球靠得最近，而月亮的亮度较小，所以这种光就更为明显。

小资料

考考你

1.（　）年，威廉·赫歇尔第一个观测到月球阿里斯托克环形山阴暗地区有红色的闪光。
　　A 1783　B 1883　C 1983
2．苏联科学家拍下了月球阿尔芬斯环形山上一次长达（　）分钟闪光的光谱图。
　　A 40　B 30　C 20

答案：1A 2A

35 月亮的旁边为什么总有一颗亮星？

　　人们看见月亮挂在天空中的时候，它的旁边总是有一颗亮晶晶的星星，那是什么星呢？

　　原来月亮在绕着地球公转时，在地球上就看见月亮在星座中间每天改变着自己的位置。和太阳、行星一样，月亮也是在黄道星座里运行的。在黄道星座里有一些比较明亮的恒星，如金牛座的毕宿五、狮子座的轩辕十四、室女座的角宿一、天蝎座的心宿二等。每当月亮运行到这些星座时，看起来就像是靠近这些星星了。

　　行星也都在黄道星座间运行，通常比恒星亮得多，所以当它们走近月亮时，就更容易引起人们的注意了。金星是行星之中最亮的一颗，无论是在黎明前还是黄昏后，它的位置总是在离太阳不远的地方。而月亮运

天文奥秘一点通

行到接近太阳方向的天空时，无论是农历月初的新月还是月底的残月，都是细细的如一条银钩，这时候它接近金星，金星就特别引人注目了。

黄道十二星座

地球围绕太阳公转，人们在地球上看到太阳移动的路线叫做黄道。黄道经过的12个完整星座叫做黄道星座，从春分点所在的双鱼座数起，依次为双鱼座、白羊座、金牛座、双子座、巨蟹座、狮子座、室女座、天秤座、天蝎座、射手座、摩羯座和宝瓶座。

1．狮子座的（　）是在黄道星座里比较明亮的恒星。

　　A 毕宿五　B 轩辕十四　C 角宿一

2．（　）是行星之中最亮的一颗。

　　A 水星　B 土星　C 金星

答案：1.B 2.C

36 什么是行星？

　　行星是自身不发光的、环绕着恒星运动的天体。一般来说，它具有一定的质量，形状大多是圆球状。近期，国际天文学联合会又在这一定义上增加了一条：能够清除其轨道附近其他物体。而相反，不能清除其轨道附近其他物体的天体则称为"矮行星"，曾作为太阳系"九大行星"之一的冥王星就因此被确定为"矮行星"，退出了太阳系行星行列，从此太阳系就只有"八大行星"了。

　　行星名字的来历是这样的：由于它们在特定轨道上围绕恒星移动，就好像在行走一般，人们就把它们叫做行星。太阳系内肉眼可见的5颗行星——水星、金星、火星、木

天文奥秘一点通

星和土星早就已经被人类发现了。后来人类认识到，地球本身也是一颗行星。望远镜被发明出来后，人类又发现了天王星、海王星和最近才被列为"矮行星"的冥王星。20世纪末，人类在太阳系以外的宇宙空间中也发现了行星，现在已经有近百颗太阳系外的行星被确定了。

最新的行星定义

近期，国际天文学联合会为行星下了新的定义：1. 必须是围绕恒星运转的天体；2. 质量必须足够大，它自身的引力必须同自转速度达成平衡而使其形状呈圆球体；3. 不受到轨道周围其他物体的影响。今后，人们将以这一定义作为新的标准来判定天体的行星身份。

1. 太阳系中，可以用肉眼看到（   ）颗行星。

A 2　B 5　C 6

2. 行星大多是（   ）。

A 圆球状　B 扁长形　C 不规则形

答案：1.A 2.A

37 为什么太阳系中只有地球上存在生命？

到目前为止，在太阳系的八大行星中，只有地球上有生命，这是为什么呢？达尔文的进化论告诉人们，生命的进化是从低等到高等、从水生到陆生、从单细胞到多细胞逐步演化来的。产生生命的先决条件是具备从无机物到有机物、从大分子结构有机物到生命形成的各种条件，生命产生后

还要有生命赖以生存的环境才能够得以延续。在太阳系的八大行星中，只有地球符合这些能够使生命存在的条件，而其余的七大行星既没有符合生命产生的条件，也没有适合生命存在的环境。

金星比地球离太阳更近一些，所以它的表面温度达到450℃以上，即使是在晚上也足可以把岩

石熔化。这样的高温当然是生命没有办法生存的。至于比地球远离太阳的火星，它的表面温度比地球低得多，尽管火星白天的温度为30℃，晚上为－150℃，但是火星上没有生命赖以生存的水。

达尔文进化论

生物进化论是研究生物逐渐演变、进化的发展规律的一种学说。早在18世纪后期，进化论的思想就已出现，但受到普遍排斥和压制。到19世纪中期，英国生物学家达尔文提出以自然选择和生存竞争为基础的进化学说，形成了生物进化论的科学体系，使生物学真正迈入了近代自然科学领域。

考考你

1. 到目前为止，在太阳系的八大行星中，只有（　）上有生命。

A 太阳　B 地球　C 水星

2.（　）比地球离太阳更近一些，所以它的表面温度达到450℃以上。

A 水星　B 火星　C 金星

答案：1.B 2.C

38 太阳系里各行星一年的时间为什么不一样长？

整个太阳系在太空中旋转。在太阳系内部，行星围绕着太阳运转，叫做公转。太阳系里各行星上一年的时间，也就是行星围绕太阳公转一周的时间。行星距离太阳的远近不同，它们每年各自要走的路程长短也不同，所以它们绕太阳公转的时间也就长短不同了。距太阳最远的海王星走得最长，而距太阳最近的水星则走得最短。水星上 1 年约等于地球上的 88 天，金星上 1 年约等于地球上的 225 天，火星上 1 年约等于地

天文奥秘一点通

球上的 2 年，木星上 1 年约等于地球上的 12 年，土星上 1 年约等于地球上的 29 年，天王星上 1 年约等于地球上的 84 年，海王星上 1 年约等于地球上的 165 年。

八大行星的"一天"

　　由于质量和体积的不同，太阳系八大行星自转的时间并不相同。水星自转一周是地球上的 59 天，金星自转一周是地球上的 243 天，火星自转一周是地球上的 24 小时 37 分，木星自转一周是地球上的 9 小时 50 分，土星自转一周是地球上的 10 小时 14 分，天王星自转一周是地球上的 10 小时 48 分，海王星自转一周是地球上的 16 小时 7 分。

小资料

考考你

　　1. 土星公转一周的时间是地球公转时间的（　　）倍。

　　A 2　B 12　C 29

　　2. 太阳系八大行星，自转最快的是（　　）。

　　A 木星　B 土星　C 水星

答案：1.C 2.A

39　什么是小行星？

太阳系家族中还有一类成员就是小行星，它们比行星的卫星还要小得多，主要分布在火星和木星的轨道之间，形成一条小行星带。它们的特点是体积小、质量小。它们

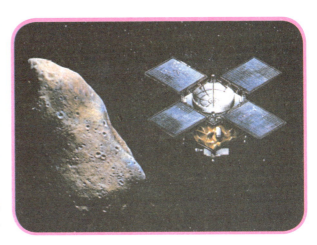

和行星一样，沿着椭圆轨道绕太阳运行。

1801 年 1 月 1 日夜，意大利天文学家皮亚齐发现了一颗行星，取名

为"谷神星"。虽然这颗星具有行星的一切特征，但是由于这颗星小得出奇，甚至比月亮还要小，天文学家只能对它另眼相看，最初称其为"小行星"，于 2006 年 8 月 24 日正式改称为"矮行星"，与退出行星行列的冥王星列为同一类天体。1802 年 3 月 28 日，人们又发现了第二颗小行星——"智神星"，它的个

头更小。至今天文学家已发现了上万颗小行星，而正式注册的小行星到1994年底已达5300多颗。

有人认为，在火星和木星轨道之间之所以会出现这么小的行星，是因为这里原来有一颗大行星，后来它受到其他外来天体的毁灭性撞击，破裂以后才形成了这么多小碎块。

质量与重量

质量是指物体中所含物质的量，它是常量，不随其他因素变化而改变。而重量是物体受万有引力作用后力的度量。在地球引力下，重量和质量是等值的，但它们并不相同。

考考你

1．太阳系中的小行星带在（　）之间。
A 土星和木星　B 水星和金星　C 火星和木星
2．1801年发现的"谷神星"比（　）还要小。
A 智神星　B 月亮　C 小行星

答案：1.C 2.B

40 你知道最近和最远的小行星吗?

在宇宙中，没有上下左右之分，人们说最近和最远，要看是以谁为参照物。若是以太阳为参照物，最近的小行星就是1949年6月26日发现的1566号小行星伊卡鲁斯了。最远的小行星则是1992AD，它的近日点在8.7天文单位处，而远

日点则在远离太阳的32天文单位处，它绕太阳公转一周需要93年，它的轨道穿越天王星，一直到海王星轨道平面以下。

若是以地球为参照物，最近的小行星是1991年11月6日发现的1991VG，它在1991年12月6日竟然从地球的"头顶"掠过，距地球只有37.4万千米，比月球还近。

太阳系中绝大多数的小行星都集中在火星与土星轨道之间的小行星带中，但是也有一些小行星脱离了这个轨道，有的甚至穿越了地球轨道。

这些小行星在运行的过程中有可能会与地球相撞。美国亚利桑纳州东北部的沙漠中，有一个直径1.2千米、深0.18千米的巨坑，它的形状类似月球上的环形山。据科学家分析，这就是小行星撞击地球留下的痕迹。

参照物

为了确定物体的位置和描述物体运动而选作标准的一个或一组被认为相对位置不改变的物体，叫做参照物。参照物的选择是任意的，参照物选择不同，描述物体运动的结果可能就不同。

1. 若是以（　）为参照物，最近的小行星是1566号小行星伊卡鲁斯。

A 太阳　B 月亮　C 地球

2. 距太阳最远的小行星是1992AD，它的远日点在远离太阳的（　）天文单位处。

A 31　B 32　C 33

答案：1.A 2.B

41 小行星会撞击地球吗？

在木星和火星之间有一条很宽的小行星带，太阳系中的小行星就在这里。每一个小行星都按照一定的轨道绕着太阳运行，但是，也有一些特殊小行星的轨道和地球的近似，甚至有一些小行星的轨道穿过地球轨道，所以在小行星运行的过程中，是有可能与地球相撞的。

科学家经过统计分析指出，小行星撞击地球的概

率非常小，为每百万年三次左右。小行星撞击地球的概率虽然极小，但是它过去发生过，将来也有可能发生。不过，人们也不必为此而惶惶不安。目前，科学家们正密切关注小行星的行踪，以现代科技手段尽可能避免地球被小行星撞击。

消失的恐龙

恐龙生活在距今约2.5亿年·6500万年前的中生代，是那个时期地球上的主要物种，但后来它们一齐消失了。关于它们的灭亡，科学家提出了各种假说：有人认为恐龙灭绝是由于巨大的陨星撞击地球所引起的大灾难；也有人认为是由于地球上大陆块漂移、火山爆发、冰河期来临等引起的气候恶劣所导致。

小资料

考考你

1. 小行星撞击地球，（　　）。

A 是不可能的　B 有可能，概率很小

C 有可能，而且概率很大

2. 小行星的轨道（　　）和地球轨道交叉。

A 都会　B 有的会　C 都不会

答案：1.B 2.B

42　太阳系家族中谁最大？

　　太阳系中的八大行星中，个头最大的要数木星了。它的体积和质量比其他七个行星的总和还要大得多，体积等于1320个地球加起来那么大，直径相当于11个地球。木星围绕太阳公转的速度非常慢，公转一周将近12年，每年经过一个星座。中国古代就将木星在星空中的运行路线分为12段，一段就是一

天文奥秘一点通

年，所以木星又叫岁星。木星的自转周期为 9 小时 50 分 30 秒，是太阳系中转得最快的行星。

木星是一个液态星球，它的表面由高温高压的液态氢覆盖，快速地自转使它成了一个扁球体，赤道部分自转最快，越往两极地区转得越慢，表面形成了许多平行于赤道的条纹。

木星拥有 16 颗天然卫星。它们的大小不一，有的比月亮大，有的比月亮小。其中最大的 4 颗被命名为伽利略卫星，是伽利略于 1610 年用手工制望远镜发现的。

木星上的大红斑

木星表面有光环，大气层中的大红斑是一团以逆时针方向旋转的强大风暴，风暴的气流物质中含有大量红磷化物，所以发红。它的东西长达数万千米，其中足以容纳两个地球。它不仅大小时常变化，颜色也时浓时淡。其寿命可达数百年甚至更久。

小资料

考考你

1．太阳系中的八大行星中，个头最大的要数（　）。

A 土星　B 水星　C 木星

2．（　）是太阳系中自转得最快的行星。

A 土星　B 水星　C 木星

答案：1.C 2.C

43　水星上有水吗？

水星虽然被称为水星，但是水星上一滴水都没有，是一个死寂的星球。水星是太阳系里最小的一颗行星，大小和月球差不多。1973年，人类第一次向水星发射探测器，发现水星像月球那样有大大小小的环形山，还有山脉、平原、盆地和峡谷。

水星离太阳很近，水星本身的大气层又十分稀薄，所以太阳的热量

可以长驱直入到水星表面，使其温度达到400℃以上。在这样的高温下，锡、铅等金属会熔化，水则变成水蒸

085

气。因此在水星上，水是无法存在的。

水星上没有水，但人们依然叫它水星，是因为中国古时候用阴阳五行代表日、月、行星，把行星叫成金星、木星、水星、火星、土星等。水星只不过是人们给它起的名字，并不是因为上面水多才这样叫的，就像金星上面并不全是金子一样。

距太阳最近的行星

水星是太阳系中距太阳最近的行星，只相当于地球与太阳距离的1/3。它所获得的太阳光照相当于地球赤道上的6倍，表面温度非常高。地球绕太阳一周需要365天，而水星只需要88天，但是水星自转却极慢，水星上的一昼夜相当于地球上的59天。

小 资 料

考 考 你

1.水星上（　）水。

A 有很多　B 有很少　C 没有

2.水星是太阳系中（　）的行星。

A 最大　B 比地球大　C 最小

答案：1.C 2.C

44 你了解金星吗？

金星是除太阳和月亮之外，太阳系中最明亮的天体。中国古代称它为太白，早上出现在东方时又叫启明星、晓星、明星，傍晚出现在西方时也叫长庚星、黄昏星。

天文专家研究发现，近距离接触太阳的金星，接受的阳光

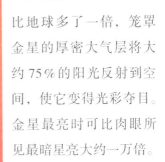

比地球多了一倍，笼罩金星的厚密大气层将大约75%的阳光反射到空间，使它变得光彩夺目。金星最亮时可比肉眼所见最暗星亮大约一万倍。

金星位于水星和地球之间，在一些方面很像地球。在空间探测之前，人们一直把金星看

天文奥秘一点通

做地球的"孪生姐妹"，因为它们的赤道半径、平均密度和质量十分相近，而且这两个星球都有大气层，表面的重力加速度也差不多。但是金星在许多方面也与地球迥然不同。金星表面气温高达475℃，常年炽热的高温使这里不但没有液态水，也没有昼夜温差和季节更替。

重力加速度

汽车在行驶的时候经常会突然加快速度，人们用来度量速度变化快慢程度的物理量就是加速度。地球上物体在自由下落时，速度会逐渐变大，这个由于重力作用而获得的加速度叫做重力加速度，用 g 表示，它的大小约为9.8米/秒²。

小资料

考考你

1. 金星位于（ ）之间。

A 水星和地球　B 火星和地球　C 土星和水星

2. 金星（ ）大气层。

A 有　B 没有　C 现在还不知道有没有

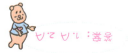

答案：1.A 2.A

45　金星是怎样一个星球？

金星是离地球最近的行星，它的大小、质量、密度都和地球差不多，也有一层稠密的大气，所以人们把金星看成是地球的"孪生姐妹"。

夜晚，当人们抬头仰望星空的时候，除了

月亮，最亮的那颗星星就是金星了，甚至有时在白天也能看见它。苏联"金星"号宇宙飞船探测到金星的表面温度达到477℃，这么高的温度就是铅、锡之类的金属也会熔化。即使是在深夜或在两极地区，那里的高温照样把岩石烤得很热。金星的表面有许多火山，到处都是从火山中喷发出的岩浆。

天文奥秘一点通

金星的表面包裹着一层厚厚的浓云，就好像蒙着面纱一样，让人们看不到金星的地面。这层"面纱"允许太阳光经过，照到金星的表面，使金星的表面变得很热，但是却不允许反射的热量透过它散发到太空中去，所以金星的温度就非常高了。

最亮的行星——金星

八大行星中金星是最亮的，这是因为它的外面包着厚厚的云层。金星的云层和地球的云层不一样。地球上的云层是一些水蒸气，而金星的云层主要是二氧化碳等物质。金星上的二氧化碳含量比地球多10000多倍，而二氧化碳比水蒸气更能反射太阳光，所以就使金星成为太阳系中最亮的行星了。

考考你

1. （ ）是离地球最近的行星。

A 木星　B 金星　C 火星

2. 当人们抬头仰望星空的时候，除了月亮，最亮的那颗星星就是（ ）。

A 北极星　B 火星　C 金星

答案：1.B 2.C

46 金星上为什么会有迷雾？

一直以来，人们对金星的了解并不是很多，虽然金星是离地球最近的一颗大行星，但是它周围有一层很浓的气体，这层气体挡住了人们的视线，使人们一直看不清它的真面目。

科学家们经过长时间的观察和研究，发现金星周围的气体云雾有着很强反射太阳光的作用。它可以把 75% 以上的光线反射出来，对红光的反射能力最强，对蓝光的反射能力比较弱。那么，这层云雾到底是由什么物质组成的呢？

1932 年天文学家从金星的光谱里发现，在金星的大气中，含有比地球大气中含量多一万倍的二氧化碳气体。科学家们据此推测，这种物体是由二氧化碳被太阳的紫外线照射以后变成的。

天文奥秘一点通

20世纪60年代，有科学家发现金星的大气中含有大量的水蒸气，他们猜测这层迷雾是由水蒸气构成的。1978年，美国科学家通过两个专门研究金星的航天器测出金星大气的主要成分是二氧化碳，还发现金星的北极周围有一个暗色云带，很有可能是一种卷云。

光谱与紫外线、红外线

复色光通过棱镜或光栅后，分解成的单色光按波长大小排成的光带，就是光谱。太阳光中可见光的光谱是由红、橙、黄、绿、蓝、靛、紫七种颜色组成。波长比可见光短，在光谱上位于紫色光外侧的光，叫做紫外线。而波长比可见光长，在光谱上位于红色光外侧的光，则叫做红外线。

考考你

1. 金星周围的气体云雾对（　　）的反射能力最强。

A 红光　B 绿光　C 蓝光

2. 天文学家发现，在金星的大气中含有比地球大气中含量多10000倍的（　　）。

A 一氧化碳　B 二氧化碳　C 氧气

答案：1.A 2.B

47　火星上有生命吗？

　　火星，太阳系中距太阳第四远的行星，是地球的
邻居。以地球为标准，火星与太阳系其他几个
行星相比，大小居中，距太阳也不远不近。它
与地球一样有白色的极冠和类似于地球的昼
夜，每昼夜的长度为 24 小时 37 分钟，与地
球非常接近。这容易使人联想，火星可能是太阳
系内除地球外最有希望衍生生命的行星。

　　至今为止，虽然还没有确切的证据证明火星上存在生命，但火星与
地球十分相似，火星上有十分稀薄的大气，主要由二氧化碳组成。而实
验证明，有些生物是进行无氧呼吸的。另外，火星上的一昼夜比地球仅
多约 40 分钟，火星上也有四季变化，它的两极也有冰盖。所以科学家称

天文奥秘一点通

火星为"小地球"。美国的"海盗"号在登陆火星的时候曾经研究过火星的土壤成分，结果在两份土壤中有一份证明火星上有生命存在，有一份没有，这就更增加了火星的神秘色彩。火星上究竟有没有生命，人们还在探索。

有氧呼吸与无氧呼吸

大部分生物细胞分解物质的过程都需要有氧参与，从而生成营养物质和能量支持生物体的生命活动，这叫做有氧呼吸。而另一些细胞，如红细胞等，是在无氧条件下，通过酶的催化作用来分解物质，并释放出少量能量，叫做无氧呼吸。微生物的无氧呼吸习惯上称为发酵。

小资料

考考你

1. 火星（　）大气。

A 有浓厚的　B 有稀薄的　C 没有

2. 火星自转周期比地球（　）。

A 长　B 短　C 一样

答案：1.B 2.A

48   火星的名字是怎么来的？

火星是太阳系八大行星之一，按离太阳由近到远的顺序，火星排在地球之后，位于第四位。由于它在夜空中看起来是火红色的，在中国古代，人们称它为"荧惑"，取荧荧如火之意。又因古代阴阳五行的学说，以金木水火土这五行，将它命名为"火星"；另外还有金星、水星、木星、土星。而西方国家则以罗马神话中的战神玛尔斯或希腊神话中对应的战神阿瑞斯来命名它，因为它表面是红色，容易使人把它和战争联系起来。这些都来自人们的想象。

火星看上去炽红鲜艳，但实际上异常寒冷和干燥。火星表面为红色土层，这是由于火星上的岩石、砂土和天空是红色或粉红色的。火星外面包有稀薄的大气，同地球一样气候有四季变化，表面的平均大气温度为零下 23℃，昼夜温差常常超过 100℃，远大于地球昼夜温差的幅度。目前，科学家们已经发现火星上有存在水的迹象，虽然尚未找到生命的踪迹，但人类对火星以及宇宙的探索必将持续下去。

中国的阴阳五行

阴阳五行是中国古代思想家用来解释世界万物起源、相生相克的学说。阴阳指宇宙中贯通物质和人事的两大对立面；而五行指金、木、水、火、土五种物质的属性。古人常用它们来说明事物之间的关系，也用以指代日、月、行星的名称。

考考你

1. 战神阿瑞斯是（　）神话中的人物。

A 罗马　B 希腊　C 中国古代

2. 火星看上去炽红鲜艳，但实际上它上面异常（　）和干燥

A 炎热　B 温暖　C 寒冷

答案：1.B 2.C

49 火星上真的有金字塔吗？

　　1972年，美国的"水手"9号宇宙飞船在火星上发现了外表类似于金字塔的物体。1976年，"海盗"1号宇宙飞船在火星上拍摄到一些类似于金字塔的建筑物。

　　科学家们通过对这些照片的分析，推测出它们的形状和高度。这些"金字塔"分为三类，一种类似于古埃及法老的金字塔，一种类似于埃及达舒尔的斜方形金字塔，最后一种类似于墨西哥的阶梯形金字塔。

天文奥秘一点通

火星上的金字塔非常大，最大的底边长约1500米，高达1000米，最小的也和古埃及吉萨金字塔大小相同。火星上金字塔之间及它附近"人面石像"的布局结构，与地球上一些金字塔的布局也有相似之处。

科学家们为了证实火星照片上金字塔的真实性，做了一个模拟试验。在一块光滑的塑料板上，按火星照片的拍摄条件进行拍摄，最后发现拍摄效果同照片上的明暗效果差不多，因此，科学家们认为火星上确实存在金字塔。

地球上的金字塔

埃及的金字塔是古代法老的陵墓，位列世界七大奇迹之一。其中，斜方形金字塔是指埃及法老斯奈夫鲁时建立的金字塔，它的四条棱边均有一定的折角，又称为"折角金字塔"。吉萨金字塔指位于埃及吉萨高地的金字塔，其中法老胡夫的陵墓是世界上最大的金字塔。墨西哥的阶梯形金字塔则为玛雅文化的遗迹。

1.（ ）年，美国的"水手"9号宇宙飞船在火星上发现类似于金字塔的物体。

A 1971　B 1972　C 1973

2. 1976年，"海盗"1号宇宙飞船在火星上拍摄到一些类似于（ ）的建筑物。

A 金字塔　B 人面石像　C 长城

答案：1.A 2.A

50 木卫二上为什么可能存在生命？

木星是太阳系中个头最大的老大哥，它的一颗卫星木卫二近来受到天文学家们的关注，因为人们怀疑它上面可能有生命存在。

木卫二比月球略小一些，受到的太阳光照比月

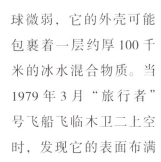

球微弱，它的外壳可能包裹着一层约厚100千米的冰水混合物质。当1979年3月"旅行者"号飞船飞临木卫二上空时，发现它的表面布满了纵横交叉的条纹，那明显不是运河，而是清晰可辨的冰壳的裂纹。这些裂纹长有数千千米，宽有数十千米，深为一二百米。尤其引人注目的是裂缝的轮廓分明，具有明显的褐色。对它们进行光谱分析，结果表明那有可能是有机聚合物。据天文学家推测，形成木卫二的原始星云中含有甲烷和氨，在太阳紫外线和木星带电粒子的激发下可以生成有机物，

并可能进一步形成生命产生的基本条件。另外，木卫二上有着长达60个小时的白昼，这使得某些刚刚破裂的冰缝下的水域受到充足的光照，原始生命就有可能开始在那里繁衍。

有机物与无机物

有机物是有机化合物的简称，即碳氢化合物及其衍生物。所有的有机物都含有碳元素，但是并非所有含碳的化合物都是有机物，如二氧化碳等。除水和一些无机盐外，生物体的组成成分几乎全是有机物。无机化合物简称无机物，指除碳氢化合物及其衍生物以外的一切元素及其化合物，如水、食盐、硫酸等。

小资料

考考你

1. 人们怀疑（　　）上面有生命存在。

A 木星　B 木卫一　C 木卫二

2. 木卫二上有着长达（　　）个小时的白昼。

A 60　B 50　C 40

答案：1.C 2.A

51　彗星与木星相撞是怎么回事？

1994 年，很多人亲眼目睹了"苏美克－列维"9 号彗星与木星相撞的重大宇宙事件。当时在相撞的 5 天多时间内，彗星的 20 多块碎片持续撞向木星，相当于在 130 小时之内，在木星上空不间断地爆炸了 20 亿颗原子弹，释放了约 40 万亿吨 TNT 烈性炸药爆炸时的能量。

天文学家们通过观测和计算发现，这颗彗星闯进太阳系已经很久了。它在 1992 年 7 月 8 日到达离木星中心只有 11 万千米的位置，这对半径约 7 万千米的木星来说已经很近了，木星凭强大的引力就把它给瓦解了。1993 年 3 月苏美克夫妇和列维先生发现这颗彗星时，它已经分裂成至少 21 块碎片了，这些碎片排成一列，全长超过 16 万千米，像一条奔驰在太阳系空间的长列车。

天文奥秘一点通

科学家们准确地预算了这列"宇宙列车"撞向木星的时间和位置。当撞击发生时，这列"宇宙列车"已经长达500万千米以上，其中半数以上的碎块直径都超过了2千米，最大的碎块直径大约是35千米，它最先撞上木星，撞击产生的能量相当于6万亿吨TNT能量，瞬间温度在3万摄氏度以上，或许达到了5万摄氏度，撞击处相当于地球直径的80%，撞击处周围的黑斑要比地球大得多。

TNT 是什么

TNT是一种威力很大的烈性炸药，它的数量又被作为能量单位，每千克TNT炸药可产生420万焦耳的能量，1000吨TNT相当于4.2兆焦耳，一百万吨TNT相当于4200兆焦耳。核武器爆炸时释放的能量，通常用释放相同能量的TNT炸药来表示，称为TNT当量（梯恩梯当量）。

小 资 料

考 考 你

1.（　）年，很多人亲眼目睹了"苏美克—列维"9号彗星与木星相撞的宇宙事件。

A 1994　B 1995　C 1 996

2．1993年3月，苏美克夫妇和列维先生发现时，这颗彗星已分裂成至少（　）块碎片。

A 20　B 21　C 22

答案：1.A 2.B

52 土星的光环为什么时隐时现？

在太阳系的大家族中，土星是最美丽的，它的赤道面上有一条宽而亮的光环。这个光环是由无数包着冰层的大大小小的岩石碎块构成的，都差不多在一个平面上，沿着自己的轨道绕土星旋转。这些石块在阳光的照耀下，反射出多种色彩，形成7个

彩色的同心光环。据最新的天文研究发现，这7个光环都不是整体片状的结构，每一个环都是由成百上千条并在一起的细环组成的，而且在环与环之间的缝隙中，还有许多用望远镜也看不见的细环。

观测发现，土星光环的形态时有变化，有时候宽而且亮，有时候则比较窄，甚至成为一条直线。光环的外径达27万千米，而

其厚度只有 10 千米，宽度和厚度的比例好像一张大而薄的纸。光环与土星的公转轨道间的夹角是 27°，因此从地球上看，在土星绕太阳旋转的过程中，光环会时不时地改变自己的倾向，有时候人们是"仰视"它，有时候人们是"俯视"它，而当它把侧面对着人们的时候，就只剩下一条直线了。

环的内外径与欧氏几何

环形外侧大圆的直径叫外径，内侧小圆的直径叫内径。人们在小学及初中阶段学习的几何主要为欧几里德几何，简称欧氏几何。欧氏几何是以欧几里德平行公理为基础的几何学。在数学上，它是平面和三维空间中常见的几何，基于点线面假设。

小资料

考考你

1. 在太阳系的大家族中，（　）是最美丽的。
A 土星　B 地球　C 月球
2. 土星光环的外径达 27 万千米，而其厚度只有（　）千米。
A 30　B 20　C 10

答案：1.A 2.C

53 为什么土星和木星的体型会比较扁？

　　天然形成的较大天体一般是球形的，所以也称它们为星球。然而经过天文学家的准确测定，它们大都不是标准的球体，通常在赤道附近会稍长一些。比如地球，赤道的半径就比两极的半径长 21.385 千米，这是由天体自转的离心作用引起的。

　　但是，土星和木星的"椭圆"看起来更加明显，用中、小望远镜就可以看见这个特征。经过精确计算发现，木星的赤道半径比极半径长 9000 千米，而土星的这个差值是 5500 千米。如果计算出各自的极半径

天文奥秘一点通

与赤道半径的比值，地球、月球、木星、土星分别为 0.995、0.995、0.908、0.874。可以明显看出，木星和土星比较"扁"。这是为什么呢？

科学家们认为，在木星和土星致密的核心外面，没有幔和固体外壳，只有核外的液体和与它紧密相连的大气，是一种流体球。况且它们的自转速度非常快，自转周期只有 9~10 个小时。由于快速自转而产生的"离心作用"就特别明显了，体型自然就比较扁了。

什么是流体

流体是液体和气体的统称，因为它们都没有一定形状，受到力的作用时容易流动。流体都有一定的可压缩性，液体可压缩性很小，而气体的可压缩性较大，在流体的形状改变时，流体各层之间也存在一定的运动阻力。

小资料

考考你

1．天然形成的较大天体一般是（　）的。

A 椭圆形　B 圆形　C 球形

2．天体大都并不是标准的球体，通常在（　）附近会稍长一些。

A 赤道　B 南极　C 北极

答案：1.C 2.A

54 天王星和海王星是怎样被发现的？

在 200 多年以前，人们一直认为太阳系里只有水星、金星、地球、火星、木星和土星 6 颗行星。直到 1781 年 3 月 13 日，英国天文学家赫歇耳用自制的望远镜发现了一颗新行星，定名为天王星。天王星被发现以后，天文学家迫不及待地研究它的轨道。但是经过长期观察后，发现它绕太阳运行时的路线，与人们预测的轨道经常不符。于是，科学家们猜想，在天王星外一定还有一个星体，在它的引力影响下，天王星的轨道才与预测的不同。

不久，在 1845 年，英国的一位大学生

天文奥秘一点通

亚当斯及法国天文学家勒威耶同时提出了新行星的位置。1846年9月25日，柏林天文台长伽勒用望远镜在这一位置找到一颗新的行星，定名为海王星，是太阳系八大行星中离太阳最远的行星。

为什么常用五角星代表星星？

夜空里的星星大多是球形的，但人们常用五角形来表示它们。这是因为人们看到的星星常常一闪一闪眨着眼睛，而五角星的五个角，就像是闪烁着的光。此外，用五角星来代表星星，也可以使它们同月亮、太阳等区分开来。

1. 1781年，赫歇耳发现的是（　　）。

A 天王星　B 海王星　C 土星

2.（　　）是太阳系八大行星中离太阳最远的行星。

A 天王星　B 海王星　C 土星

答案：1.A 2.B

55 冥王星有什么"个性"？

　　以往，冥王星是被当作"行星"列入太阳系九大行星之中的，但是新的天文发现不断使"九大行星"的传统观念受到质疑。天文学家逐渐发现冥王星是一颗很有个性的星体，在很多方面和八大行星有很大的差异。

　　冥王星是 1930 年在研究天王星、海王星运行轨道时被意外发现的。它同八大经典行星相比要小得多，甚至比地球的卫星——月亮，还要小。冥王星绕太阳公转的轨道非常奇特，它原本在海王星以外，但有时候却比海王星离太阳更近。另外，八大行星绕太阳旋转的轨道基本都在黄道面内，而冥王星的轨道则与黄道面一定的交角，因而冥王星有时在八大行星的上面运行，有时又跑到了它们的下面。

天文奥秘一点通

2006年8月24日，冥王星因其轨道和许多海王星外的天体运行轨道类似，而它微薄的引力无法将这些星体排除出去，不符合新规定的行星定义，因而被天文学家定义为"矮行星"。而原先被认为是冥王星同步卫星的"卡戎"也被重新定义，与冥王星一起被称为"双星系统"。

地球的黄道面

地球绕太阳公转的轨道所在的平面称为黄道面，将黄道面无限扩大而与天球相交的大圆，就是黄道。由于月球和其他行星等天体的引力影响地球的公转运动，黄道面在空间的位置总是在不规则地连续变化。但在变动中，任一时间这个平面总是通过太阳中心。

1.冥王星公转轨道非常奇特，它原本在海王星以外，有时却比海王星离太阳更（ ）。

A 近　B 远　C 一样

2.（ ）与冥王星一起被称为"双星系统"。

A 海王星　B 月亮　C 卡戎

答案：1.A 2.C

56 为什么冥王星曾被当做太阳系第九颗行星？

　　太阳系中有八大行星，分别是水星、金星、地球、火星、木星、土星、天王星、海王星。在 18 世纪以前，古代天文学家知道的只有六大行星。1781 年，英国的天文学家威廉·赫歇尔发现了天王星，后来在对天王星进行研究时发现其运行规律有些不正常，似乎受到另外一颗行星的影响，于是在 1846 年发现了海王星。海王星的发现是在对天王星的轨道进行计算以后才找到的。后来又对海王星的运行轨道进行研究时发现，在它的外面可能还有一颗星体在吸引它的轨道，这个推测在 1930 年被美国的天文学家汤博证实，冥王星也被发现了，随即被定义为太阳系第九大行星。

　　然而，现代天文学家们在对冥王星进行研究时，发现它的个头非常小，而且同样受到某个星球的引力影响。它的运行轨道和许多海王星外

天文奥秘一点通

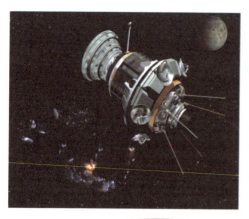

的小天体运行轨道类似，而它微薄的引力无法将这些星体排除出去。冥王星所谓的"卫星"卡戎的直径约为它的1/2，它们更像是一个"双星系统"。因而，科学家们经过多年的研究讨论，终于决定将冥王星降为"矮行星"身份。

矮行星

矮行星指太阳系外围较小的天体，或可称为小行星。它的最新定义是：与行星同样具有足够的质量，呈圆球状，但不能清除其轨道附近其他物体的天体。2006年8月24日，根据国际天文学联合会大会通过的新定义，冥王星被定义为"矮行星"。

小资料

考考你

1．在18世纪以前，古代天文学家知道的只有（　）大行星。

A九　B八　C六

2．1781年，英国的天文学家威廉·赫歇尔发现了（　）。

A天王星　B海王星　C冥王星

答案：1.C 2.A

57 太阳系是银河系的中心吗?

人们都知道太阳系的中心是太阳,地球和其他太阳系星体都是围绕着太阳运行的。但是对于整个银河系来说,太阳系是银河系的中心吗?

银河系是一个十分庞大的恒星集团,约由2000亿颗恒星构成,太阳只是其中极普通的一员。从地球上望去,银河系像是一条亮带,然而用天文望远镜去看就会发现它是由无数恒星组成的。对于太阳系来说,银河系实在是非常庞大,就像是一箩筐芝麻中的一粒。

在天文学史上,波兰的天文学家哥白尼推翻了托勒密的地心说,证明地球不是宇宙的中心,而是太阳系中一颗普通的行星。而美国的天文学家沙普里则进一步揭示了太阳不是银河系的中心，当然更不会是整个宇宙的中心。这一发现有很重大的意义，使人们对于自己在宇宙中的位置有了更科学的了解。

地心说

地心说是古时天文学上的一种学说，最早由古希腊学者欧多克斯提出，后经亚里士多德、托勒密进一步研究，建立了宇宙地心说。它认为地球居于宇宙中心静止不动，太阳、月亮和其他星球都围绕地球运行。在16世纪"日心说"创立之前的1000多年中，"地心说"一直占统治地位。

考考你

1. 地球所在的太阳系的中心是（　　）。

A 地球　B 月球　C 太阳

2. 银河系是一个十分庞大的恒星集团，约有（　　）亿颗恒星构成。

A 2000　B 3000　C 4000

答案：1.C 2.A

58　为什么银河系是一个旋涡星系？

人们生活的地球是太阳系的一个普通成员，太阳又是属于银河系的一个普通成员。处在银河系中，从太阳附近的空间向四周望去，人们可以看到淡淡的银河。银河系的主体是圆盘状，绝大多数恒星聚集在这个圆盘以内。这个圆盘的直径约为 10 万光年，厚度约为 3000~6500 光年，但并不是很平均，它实际上很像一个凸透镜，边缘比较薄，中间比较厚。圆盘的中心有一个核球，直径约为 1300 光年，是银河系的密集部分。核球的中心称为银心。圆盘的周围还有稀疏的雾状物包围着，叫做银晕，直径约为 65 万光年。

科学家们用光学的方法发现银河是一个旋涡星系，

并且还发现了银河系的旋臂。到目前为止，人们已经发现的银河系旋臂共有4条，它们分别是猎户臂、英仙臂、人马臂和一条叫做"3000秒差距臂"的旋臂，但其实它离银心的距离约为4000秒差距。太阳就在猎户臂内边缘的附近。

旋涡星系

旋涡星系中间凸起，周围扁平，侧面看上去像一块铁饼，又像是江河中的旋涡，因此称为旋涡星系。从凸起的部分螺旋式地伸展出若干条狭长而明亮的光带，是星系中恒星分布比较密集的区域，称为旋臂。

小资料

考考你

1. 银河系的主体是（   ）状。
A 圆柱　B 原球　C 圆盘
2. 圆盘的周围还有稀疏的雾状物包围着，叫做（   ）。
A 银晕　B 银心　C 银河

答案：1.C 2.A

59 为什么银河系在宇宙中也是沧海一粟？

　　银河系的直径约为 10 万光年，由 1000 亿～2000 亿颗恒星组成，但是它在整个宇宙中仍然只是沧海一粟。和恒星的群聚一样，星系也喜欢聚集在一起，组成双重或多重星系。由 10～100 个星系组成的集体叫做星系群。银河系所在的这个星系群叫做本星系群。其中的大、小麦哲伦星云是离人们最近的河外星系，也有 20 万光年左右的距离。

　　100～1000 个星系群组成星系团，最大的星系团在后发座，有上万个星系。目前发现的星系团也有几万个，其中室女座星系团是人们的近邻。

117

天文奥秘一点通

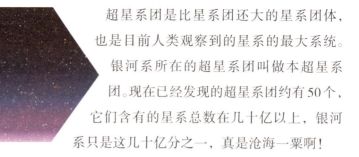

超星系团是比星系团还大的星系团体，也是目前人类观察到的星系的最大系统。

银河系所在的超星系团叫做本超星系团。现在已经发现的超星系团约有50个，它们含有的星系总数在几十亿以上，银河系只是这几十亿分之一，真是沧海一粟啊！

麦哲伦星云

麦哲伦星云是银河系的两个伴星系。在北纬20°以南的地区升出地平面。它们是南天银河附近两个肉眼清晰可见的云雾状天体。10世纪阿拉伯人和15世纪葡萄牙人称之为"好望角云"。葡萄牙航海家麦哲伦于1521年环球航行时，首次对它们作了精确描述，后来就以他的姓氏命名了。

小资料

考考你

1. 银河系的直径约为（　）万光年。

A 10　B 20　C 30

2.（　）是目前人类观察到的星系的最大系统。

A 星系团　B 超星系团　C 星系群

答案：1.A 2.B

60　流星是怎么回事？

在太阳系中，除了八大行星和它们的卫星之外，还有矮行星、彗星以及一些更小的天体。小天体的体积虽小，但它们和八大行星一样，也围绕太阳公转。有时它们受到某种外力的影响，经过地球附近时，就有可能以每秒几十千米的速度闯入地球大气层，其上面的物质由于与地球大气发生剧烈摩擦，巨大的动能转化为热能，引起燃烧，发出耀眼的光芒，边飞边烧，这就是人们经常看到的流星。这些流星有的在空中还没有来得及落到地上就燃烧完了，有的没有燃烧完落到地上，就是人们通常所说的陨星。

流星分为单个流星、

天文奥秘一点通

火流星、流星雨。单个流星的出现时间和方向没有什么规律，又叫偶发流星；火流星也属偶发流星，只是它出现时非常明亮，像条火龙且可能伴有爆炸声，有的甚至白昼可见；许多流星从星空中某一点向外辐射散开，这就是流星雨。

流星与彗星

　　流星的主体主要是一些漫游在太空中的灰尘微粒，它们因受到地球引力的吸引而掉落到地球上，与大气摩擦时产生了高热和亮光。而彗星是绕着太阳旋转的一种星体，通常拖着一条扫帚状的大尾巴，俗称扫帚星。它们是两个完全不同的概念。

　　1.流星之所以会发光，是因为（　　）。

A 它本身就会发光

B 它与地球大气发生剧烈摩擦

C 太阳把它点燃了

　　2.流星（　　）可以落到地上。

A 一定　B 一定不　C 不一定

答案：1.B 2.C

61 为什么会出现狮子座流星雨？

1833 年 11 月 17 日，盛大的狮子座流星雨的景象非常壮观。流星像暴风雨一样持续不断地从狮子座向四面八方辐射开来，持续了几个小时，最多的时候每小时出现了 10 万颗流星。1998 年 11 月 17 日，在大西洋加那利群岛的拉帕尔马天文站，人们观测到了狮子座流星雨的大爆发，看到了 2000 多颗流星。在青岛的观象台人们看到火流星此起彼伏，就像闪电划过长空，在空中停留的时间长达 9 分 30 秒。

从历史上狮子座流星雨出现的

年份，可以估算出狮子座流星雨的极盛周期是 33~35 年，当然也有不按规律的例子。狮子座流星雨的周期与一颗叫做坦普尔－特塔尔的彗星有关，这颗彗星的运行周期平均是 32.9 年。这颗彗星除了参与将物质散布在轨道各处形成狮子座流星群以外，还特别密集地聚集在其轨道上一个比较狭窄的地带。地球在每年的 11 月中旬穿过这颗彗星和狮子座流星群的轨道，但是并不是每年都能碰见那个密集群，而是每隔 33 年左右遭遇一次。

火流星和流星雨

　　火流星的流星体质量较大，进入地球大气后来不及在高空燃尽而继续闯入稠密的低层大气，以极高的速度和地球大气剧烈摩擦，产生出耀眼的光亮。在短时间内出现许多流星的天文现象就叫作流星雨。

小资料

考考你

　　1．狮子座流星雨极盛周期是 33~（　　）年。
　　A 36　B 34　C 35
　　2．坦普尔－特塔尔的彗星的运行周期平均是（　　）年。
　　A 31.9　B 32.9　C 33.9

答案：1.C 2.B

62 陨石和普通石头有何不同？

陨石就是从天上掉下来的流星没有熔化完的石质。流星划过天空时，会与大气发生剧烈的摩擦，产生大量的热，使流星表面温度变得特别高，从而将其表面熔化为液体。但是后来

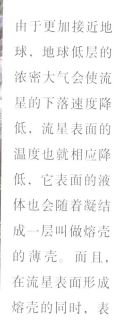

由于更加接近地球，地球低层的浓密大气会使流星的下落速度降低，流星表面的温度也就相应降低，它表面的液体也会随着凝结成一层叫做熔壳的薄壳。而且，在流星表面形成熔壳的同时，表

面还会因为空气的流动留下印痕，这些印痕就像是用手在面团上按的手印。和同体积地球上的普通石头相比，陨石一般都很重，大都含有一定量的铁。

物质的状态

物质存在的方式叫做物质的状态，主要有三种：固态、液态和气态。以水为例，在固态下为冰，分子紧紧排列在一起，形成稳定的结构，形状和体积都不易改变；在液态下为水，分子虽紧紧靠在一起，但它们可以自由移动，例如流水；在气态下则为水蒸气，分子间既可靠近也可远离，没有一定形状。

小资料

考考你

1. 陨石和同体积地球的普通石头相比，（　　）。

A一般要重一些　B一般要轻一些　C一样重

2. 陨石是（　　）没有熔化完的石质。

A彗星　B流星　C小行星

答案：1.A 2.B

63   彗星为什么会拖着尾巴？

1950年，美国天文学家惠普勒提出，彗星主要是由低沸点的物质构成的，也包含有细碎的石砾。彗星远离太阳时，氨、甲烷和其他物质都凝固成为坚硬的"冰块"。这时，彗星就像一个超大型的陨石。这个陨石

是一个由冰雪以及岩石所组成的一个大雪球。彗星靠近太阳时，会从太阳接受到越来越多的热量，使得冰块开始变成水蒸气，结果，彗星的核心就被一团尘埃和蒸气所形成的云雾包围起来。越靠近太阳，这团云雾就越稠密。

当彗星飞近太阳时，膨胀的水蒸气会冲破外表不够坚硬的岩石壳，向外喷出来。

因为喷口的分布与方向都不均匀，使得这颗大雪球不停地翻滚。而那些被冲破的岩层碎片，与彗星本体脱离后，一些较大的岩石块，留在轨道上，日后就可能变成流星雨。那些较细小的岩石尘埃，反射着阳光，被太阳风吹离太阳，形成一大片背阳方向的黄色尘埃尾。离太阳越近，尾巴就越长。

"不祥"的扫帚星

彗星是环绕太阳运行的云雾状天体，在靠近太阳时会拖出一条像大扫帚一般的尘埃尾，而"彗"的意思就是扫帚，因此中国人称这种星为"彗星"，就是"扫帚星"。古人常把它的出现看成是某种不祥之北，但随着科学的进步，人们知道这其实是一种很普通的自然现象。

小资料

考考你

1．1950 年，天文学家（　）提出了彗星的主要构成。

　　A 开普勒　B 惠普勒　C 伽利略

2．"彗"字的意思是（　）。

　　A 小的　B 聪明　C 扫帚

答案：1.B 2.C

64　哈雷彗星是怎么被发现的？

　　中国是世界上对彗星记录最早的国家，早在公元前240年，中国就已经有对哈雷彗星的记载了，以后每一次哈雷彗星的出现都有详细的记载。

　　那么，哈雷彗星是怎么得名的呢？在公元1682年，英国的天文学家哈雷对当时出现的一颗明亮显眼的彗星进行观测计算以后，声明这个彗星的运行周期

是76年，并且预言，这颗彗星下次将会于1758年底或1759年初再度出现。1742年哈雷就去世了，但是他的预言在公元1759年得到了证实。人们为了纪念哈雷的重大贡献，就把这颗彗星取名为哈雷彗星。哈雷彗星最近的一次现身是在1986年。

　　到1986年为止，有记录的彗星出现的次

天文奥秘一点通

数是 1860 次，其中，人们已计算出运行轨道的彗星大约有 700 颗，它们的运行周期差别很大，周期在 200 年以下的短周期彗星有 135 颗，像恩克彗星只有 3 年多。其余的都是长周期彗星，有的彗星周期竟长达上万年。

彗星的轨道

彗星的轨道与行星的很不相同，它是极扁的椭圆，有些甚至是抛物线或双曲线轨道。轨道为椭圆的彗星能定期回到太阳身边，称为周期彗星；轨道为抛物线或双曲线的彗星，终生只能接近太阳一次，而一旦离去，就会永不复返，称为非周期彗星。

考考你

1.（ ）是世界上对彗星记录最早的国家。

A 中国　B 英国　C 美国

2．1682 年，（ ）天文学家哈雷计算出当时一颗明亮彗星的运行周期是 76 年。

A 中国　B 英国　C 美国

答案：1.A 2.B

65 为什么说哈雷彗星会爆炸？

1986年哈雷彗星回归的时候，由于它黯淡无光，使人们难以看清。然而，在1991年2月，当它已经距离地球20多亿千米时，竟在几天内亮度突然增加了几百倍，并长出了长长的彗发。这个现象引起天文学家的关注，因为这是哈雷彗星的一次大爆炸。

对于这次哈雷彗星的爆炸，英国天文学家休斯认为，是由于一颗小行星撞击了哈雷彗星。如果这个猜测正确，等到哈雷彗星2061年再度回归时，人们就可以发现它身上有一个近2千米的伤痕。

两位美国的天文学家则认为，这是因为1991年1月31日爆发的太阳特大耀斑引发的。太阳特大耀斑爆发所产生的巨大能量激波，在两个星期后到达哈雷彗星，震破了哈雷彗

天文奥秘一点通

星的外壳，使得大量尘埃外溢。

　　而英国天文学家米茨则认为组成彗星的成分中有一氧化碳冰。如果固态一氧化碳的压力聚集到足够大，就能在表层的薄弱处冲开缺口从而引发爆炸。中国紫金山天文台的专家就于1986年12月10日拍到了类似哈雷彗星爆炸时的照片。

彗星的结构

　　完整的彗星是由彗核、彗发和彗尾三部分组成。慧核集中了彗星的大部分质量，由比较密集的固态物质组成，是彗星的主要部分。慧核外面包裹着一层像云雾一样的东西，称为彗发。慧核和彗发合称彗头。当彗星接近太阳时，彗发变大，形成一条长长的尾巴，叫做彗尾。

小资料

考考你

　　1.（　）天文学家休斯认为，哈雷彗星的爆炸是由于一颗小行星撞击了哈雷彗星。

　　A 英国　B 美国　C 中国

　　2.（　）紫金山天文台的专家曾拍到类似哈雷彗星爆炸时的照片。

　　A 英国　B 美国　C 中国

答案：1.A 2.C

66 为什么恒星有不同的颜色？

恒星并不只有白色的，还有红色、蓝色等各种颜色。恒星的不同颜色是由它本身的质地和温度所决定的。恒星发光是因为恒星内部在发生着激烈的氢氦反应。由于每个恒星的密度、质量和所含的元素不完全相同，所以它们在进行化学反应时会发出不一样的颜色。而且由于温度不同，恒星发出光的颜色也不同。比如发白色光的星星表面温度很高，可达12000℃以上；发红色光的星星表面温度达 2600 ~ 3600℃；发蓝色光

天文奥秘一点通

的星星表面温度达 25000 ～ 40000℃。而太阳表面温度是 6000℃，看上去就是黄颜色的。

但是人们用肉眼并看不到星星五颜六色的光，这是因为人们距离星星非常遥远，加上地球大气的折射作用，所以人们看到恒星的颜色都是白色的。

132

最南的亮星十字架二

在南天，有一个全天最小的星座，叫南十字座，星座内的四颗星构成了一个十字架形。十字架二就是星座中最亮并且处于最南端的一等亮星。这颗星只有在北纬27°以南的地区，才有可能看到它。十字架二呈蓝色，与我们的距离大约有407光年，它是由甲、乙两颗星组成的目视双星。

1．恒星表面温度达到（ ）就发出红色的光。

A 6000℃　　B 2600 ～ 3600℃

C 25000 ～ 40000℃

2．人们看到恒星的颜色是白色的原因，是大气的（ ）作用。

A 折射　　B 反射　　C 散射

答案：1.B 2.A

67 为什么质量大的
星球大多是球体？

　　质量大的星球主要包括恒星和行星。恒星的表面都有极高的温度，使得它上面所有的物质都是气体状态的，而气体的扩散在各个方向都相同，范围也大致相等，同时各部分的气体都受到星体内部万有引力的吸引。所以在这些力量取得平衡的情况下，想要使所有的物质都尽量靠近星球重力中心，唯一的办法就是形成球状。而行星自己是不会发光发热的，它是一个有一定质量的、坚硬的圆球体。只不过在它刚形成时，也是炎热的熔化物质，由于它有自转，会产生一定的离心力，同时又受到自身

天文奥秘一点通

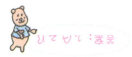

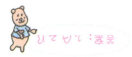

万有引力的吸引，所以它的形状一般为球形或扁球形。而小行星、彗星等其他小天体，由于其质量较小，对自身的引力不足够大，因而无法超越本身结构的力量，也就保有不规则及不完整的形状，不会形成球状了。

地球的形状

人们对地球形状的认识经历了一个漫长的过程。早期，人们凭直觉认为天是圆的、地是方的，称为"天圆地方"。公元 1522 年，麦哲伦和他的伙伴完成环绕地球一周的航行后，人们才证实了地球的球体形状。今天，通过地球卫星拍摄的照片，我们可以清楚地看到圆球形的地球。

小 资 料

考 考 你

1. 恒星表面的温度（　）。

A 都很高　B 都不高　C 有的高，有的低

2. 行星是（　）发光发热的。

A 不会　B 会　C 有的会，有的不会

答案：1.A 2.B

68 天上有多少颗星星?

天空中星星虽然看起来密密麻麻，但是只要人们有足够的耐心，一个星座一个星座地数，几个夜晚就能将看到的星星数个遍。天文学

家仔细计算过，全天空用肉眼能够看见的星星大约只有6900多颗。而且，一个人在同一时刻只能看到头顶的半个天空，另一半在地平线以下，是看不到的。所以人们在同一天空能看到的星星只有3000颗左右。

当然，如果人们借助望远镜，情况就不同了，哪怕只用一台小型天文望远镜，也可

以看到 5 万颗以上的星星。现代最大的天文望远镜能看到 20 亿颗以上的星星。其实，天上星星的数目还远不止这些。宇宙是无穷无尽的，现代天文学家所看到的，只不过是宇宙中很小很小的一部分。

北天恒星与南天恒星

当你仰望北部天空时，你的目光是从恒星密布的银心向外转移，所以北部天空一般不如南部天空亮。北部天空最有名的景象是大熊星座和猎户星座。当你仰望南天时，你是朝银心的方向看去，那里的恒星非常多，银河显得比北天更亮。南天有丰富的星云和星团，包含了大小·两个麦哲伦星云。

1. 全天空，人用肉眼可以看见的星星大约有（　）颗。

　A 4900 多　　B 3000 多　　C 6900 多

2. 现在最大的望远镜能看到（　）颗以上的星星。

　A 10 亿　　B 20 亿　　C 30 亿

答案：1.C 2.B

69　天空中哪一颗星星最亮?

在北半球冬春两季的上半夜，偏南方向的天空中，从猎户座三星向东南方向延伸，人们可以很容易找到一颗全天最亮的恒星——大犬座 α，中国古代称之为天狼星。天狼星是一个双星系统，呈蓝白色，但是根据古书记载，在 1400 年之前，它还是红色的，后来由于一些人们无法知道的原因变成了现在的蓝白色。

天狼星的质量、体积大约是太阳的 2 倍，温度比太阳高得多，亮度是太阳亮度的 20 多倍。其实宇宙中还有许多星比天狼星要亮得多，因为天狼星距离地球较近，仅有 8.7 光年，

天文奥秘一点通

所以在地球上看，天狼星就是最亮的星星。

天狼星的伴星是 1862 年美国天文学家最先观察到的，它的发光量仅是主星的万分之一。尽管天狼星主星光芒四射，但是用大望远镜还是能看到伴星的。天狼星伴星的质量与太阳差不多，而半径却比地球还小，它的密度极高，比太阳还要大得多，这是第一颗被发现的白矮星。

白矮星

白矮星是一种低光度、高密度、高温度的恒星。因为它的颜色呈白色、体积比较矮小，因此被命名为白矮星。白矮星属于演化到晚年期的恒星。恒星在演化后期，抛射出大量的物质，经过大量的质量损失后，如果剩下的核的质量小于 1.44 个太阳质量，这颗恒星便可能演化成为白矮星。

小资料

考考你

1．天狼星是一个（ ）系统。

A 单星　B 双星　C 多星

2．天狼星的伴星是 1862 年（ ）天文学家发现的。

A 英国　B 美国　C 德国

答案：1.B　2.B

70　什么是星云？

　　星云是由气体和尘埃组成的呈云雾状外表的天体，主要组成物质是氢。除个别外，多数星云人们必须借助望远镜才能看到，大部分星云在望远镜里呈云雾状外表。它可以说是人们已知的天体中最美丽的，因为它的形状不规则，而且没有明确的边界。从形态上，星云可以分为行星状星云、弥漫星云和超新星遗迹。人们有时将星系、各种星团及宇宙空间中各种类型的尘埃和气体都称为星云。

同恒星相比，星云具有质量大、体积大、密度小的特点。一个普通星云的质量至少相当于上千个太阳。据理论推算，星云的密度超过一定的限度，就会在引力作用下收缩，体积变小，逐渐聚集成团。一般认为，恒星就是星云在运动过程中，在引力作用下，收缩、聚集、演化而成的。恒星形成以后，又会大量抛射物质到星际空间，成为星云的一部分原材料。所以，恒星与星云在一定条件下是可以互相转化的。

星云的形状

行星状星云的样子有点像吐出的烟圈，中心是空的，而且往往有一颗很亮的恒星。比较著名的有宝瓶座耳轮状星云和天琴座环状星云。弥漫星云则像它的名称一样，没有明显的边界，常常呈不规则形。比较著名的弥漫星云有猎户座大星云、马头星云等。

小资料

考考你

1．星云的主要成分是（　）。

A 水蒸气　B 氢　C 氧

2．和恒星相比，星云的质量（　）。

A 大　B 小　C 大小不一定

答案：1.B 2.A

71 星座是怎样命名的？

  天空中的星星密密麻麻，数也数不清。天文工作者为了便于研究，将星空划分为许多区域，把这些区域叫做星座。

  很早以前，古人就开始研究星座了，但是各国划分的角度和位置不同，数量和界限也不一样。为了便于交流，1922年国际天文学联合会在前人的基础上，根据天体上的赤经圈和赤纬圈，将星空划分了88个星座。在这88个星座中，有29个在天球赤道以北，46个在天球赤道以南，跨在天球赤道南北的有13个。

天文奥秘一点通

天空中 88 个星座的名字，大约一半是以动物为名的，如大熊座、天鹅座等；四分之一是以希腊神话中的人物名字命名的，如仙后座、仙女座等；其余四分之一是以用具命名的，如显微镜座、望远镜座等。

142

赤经圈与赤纬圈

天文学家把天空想象成是一个巨大无比的天球，把地球赤道投射到天球上，便成为天赤道。天球上和天赤道平行的圆圈叫做赤纬圈，通过天球两极并与赤纬圈垂直的大圆圈叫做赤经圈。

小资料

考考你

1．星座是（　　）。

A 天空中自然划好的

B 根据国家范围划分的

C 根据天体上的赤经圈和赤纬圈划分的

2．国际天文学联合会在 1922 年将星空划为（　　）个星座。

A 88　B 29　C 46

答案：1. C　2. A

72　怎样正确看星图识星星？

　　星图是将天体的球面视位置投影到平面上，表示它们的位置、高度和形态的图形，是天文观测的基本工具之一。星图上用赤经和赤纬来表示星星的位置，用星等来表示星星的亮度。人们把肉眼可以看见的星星分为六个等级，最亮的叫一等星，大约 20 颗，其次是二等星，再暗的依次是三等、四等、五等星，肉眼勉强能看见的是六等星。每相差一个等级，亮度就相差 2.5 倍，所以，一等星就比六等星亮 100 倍。

　　星图和地图一样也是有方向的，北在上、南在下、东在左、西在右。古人为了辨别方向，就把天上的星星分为一群一群的，并用一些想象中的线条连接起来，就构成了一个一个的星座。现代人们把全天划分

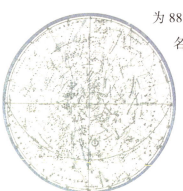

为88个星座，每一个星座都有一定的形状和名字，如大熊座、小熊座、猎户座、仙王座等。按照星图上标示的位置，可以将星星一一辨认，这样就可以很清楚地认出天上的星星了。

中国的二十八星宿

中国古代为了观测天象及日、月、行星的运行，选取了28个恒星组作为观测时的标志，称为"二十八宿"或"二十八星"。它们又平均分为四组，每组七宿，与东、西、南、北四个方位和苍龙、白虎、朱雀、玄武等动物形象相配，称为"四象"，自古以来受到道教的尊崇，被视为守护神。

1.（　）是天文观测的基本工具之一。

A 星系　B 星座　C 星图

2．古人为了辨别方向，就把天上的星星划分为一个一个的（　）。

A 星系　B 星座　C 星图

答案：1.C 2.B

73 离人们最远的星系在什么地方？

　　宇宙是一个浩瀚无边的空间，在这个空间中，无数的恒星和天体组成了星系，由几十个星系组成的叫星系群，100 个以上星系组成的叫星系团，星系群和星系团构成了超星系团。

　　银河系所在的超星系团的核心是室女星系团。不用借助任何工具，凭肉眼人们就可以看见的河外星系是大麦哲伦星云和小麦哲伦星云，其中大麦哲伦星云离人们最近，大约有 16 万光年，也就是说，它所发出的

天文奥秘一点通

我最喜爱的

第一本 百科全书

光信号要经过 16 万年才能达到地球。然而，这只是离人们最近的星系，那么，离人们最远的星系是什么星系？从那里到地球上又需要多长时间呢？

目前，天文学家经过探测发现的离人们最远的星系是 8C1433+63，有 150 亿光年，在室女星座方向。也就是说，从这个星系中发出的光信号需要经过 150 亿年才能到达地球。

室女星座

室女座是全天较大的星座之一，在所有星座中，室女座是面积仅次于长蛇座的大星座。它北邻牧夫座，东邻天秤座，西邻狮子座，南邻长蛇座，是 12 个黄道星座之一。室女座有一个大型的星系团，它包含着类似于银河系那么大的星系 2500 多个，距离我们约数千万光年。

小资料

考考你

1.100 个以上的星系组成的天体叫做（　　）。

A 星系　B 星系群　C 星系团

2.（　　）是离人们最近的星系。

A 大麦哲伦星云　B 小麦哲伦星云

C 室女星座

答案：1.C 2.A

74 矮星为什么会色彩缤纷？

天文学家指的矮星一般是主序星。矮星是银河系中最为普通的一类星体，占星体总数的 90%。称它矮星是因为在同种颜色的星体中，它们都放暗，其亮度约在太阳的 0.00001~10000 倍之间，质量在太阳的 0.1~20 倍之间，寿命从数百万年到数万亿年不等。

矮星之所以会色彩缤纷，主要是它们的表面温度不同。随着表面温度的升高，星体的颜色就随之呈现出红、橙、黄、绿、蓝、靛、紫等颜色。太阳属于黄矮星，这类星体的温度为 5000~7500℃，而织女星、天狼星是蓝矮星，最高温度达到 34000℃。

白矮星和黑矮星都远离了恒星演化的主序星阶段，但是由于它们在光度暗淡方面比较符合，也把它们作为矮星中的一员。天狼星伴星是人类发现的第一颗白矮星，它比主星暗了 10 个星等。

147

还有一种恒星由于质量比较小，无法引燃热核反应，只能因引力收缩发出微弱的红褐光，其亮度只有太阳的 0.000001~0.00001 倍，称为褐矮星。最后当它连这点微光也发射不出来的时候，就成为黑矮星了。

什么是矮星

矮星是光度小、体积小、密度大的一类恒星，主要指像太阳一样的小主序星。当恒星停止收缩，内部形成热核反应，在相当长时间内处于相对稳定的阶段，称为恒星的主序星阶段。太阳就处在主序星阶段。

考考你

1.（　）是银河系中最为普通的一类星体，占星体总数的90%。

　　A 矮星　B 恒星　C 行星

2.太阳属于（　）矮星，这类星体的温度为5000~7500℃。

　　A 蓝　B 黄　C 红

答案：1.A 2.B

75 织女星是什么样子的？

织女星在中国人的心中是一颗美丽的星星，它代表着爱情与智慧，但真正的织女星其实只是一颗普通的恒星。

织女星呈白色，被称为"夏夜的女王"，它位于天琴座中，是夏夜天空中最著名的亮星之一。它离地球的距离为 26 光年，比太阳远 170 万倍。织女星的光度是太阳的 50 倍，直径是太阳直径的 2.76 倍，质量差不多是太阳的 3 倍。它位于银河西岸，与河东的牛郎星隔河相望。在织女星旁有四颗暗星，组成一个小菱形。

天文奥秘一点通

美国、英国和荷兰联合研制了地球轨道红外线天文望远镜，1983年8月9日，在这架望远镜的帮助下，科学家发现织女星的行星环，这就意味着织女星可能有生命。但是后来的研究不容乐观，织女星的年龄只有10亿年，如果织女星周围的行星存在着生命，那也是最原始、最简单的生命。这些生命演变成人类这样的智慧生命，至少还需要36亿年。另外，织女星的温度比太阳热得多，能源消耗得快，也许过了36亿年后，织女星自己的生命已经终结了，它周围的行星也就永远不可能有生命了。

夏夜的天琴座

天琴座是夏季夜空中一个很小，但十分美丽的星座。它是"夏季大三角形"的一个组成部分。观察天琴座的最好时间是7月，在太阳落下后1小时左右，在靠近天顶的银河西岸很容易找到织女星，它和附近四颗暗些的小星构成了一个菱形，就是天琴座。

小资料

考考你

1.（　）被誉为"夏夜的女王"。
A 仙后星　B 仙女星　C 织女星
2．织女星位于（　）。
A 仙后星座　B 天琴星座　C 仙女星座

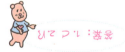
答案：1.C 2.B

76 牛郎星是什么样子的?

　　与织女星遥遥相对的就是银河东岸的一等亮星,学名天鹰座 α,俗称"牛郎星"。它与织女星一样,是夏季夜空中十分著名的亮星。

　　牛郎星距离地球大约 16 光年,比太阳远 100 万倍。它的直径为太阳直径的 1.6 倍,表面温度在 7000℃左右,呈银白色,发光本领比太阳大8 倍。牛郎星的自转速度很快,约 7 小时自转一周,所以它的形状呈扁圆形。古希腊人把天鹰座想象为一只在夜空中展翅翱翔的苍鹰,牛郎星就是鹰的心。据推算,它的赤道半径为极半径的 1.5 倍。牛郎星的两侧各有一颗较暗的星。

在夏季的星空中，牛郎星、织女星和天津四三颗亮星，构成一个醒目的大三角形，称为"夏季大三角"。牛郎星位于大三角形的南端。到了夏末，在上半夜大三角形及其附近的银河一起升到天顶附近。在夏秋季的上半夜，牛郎星和织女星在天空中的位置较高，这时是观测它们的好季节。

银河东岸的天鹰座

天鹰座大半浸于银河中，偏于银河的东岸，是秋季星空最壮丽的星座之一。它的主星牛郎星与银河西岸的织女星隔河相望，互相辉映。从5月初到12月中旬，人们都能在上半夜星空中看到它们。尤其是农历七月初七前后，牛郎星和织女星更是高挂在夜空中散发光辉。

1. 牛郎星离地球的距离和太阳离地球的距离相比（   ）。

A 远很多　B 近很多　C 远近一样

2. 牛郎星自转一周要（   ）。

A 7年　B 7天　C 7小时

答案：1.A 2.C

77 怎样寻找北极星？

在漆黑的夜晚，航空、航天、测量、地质勘探等经常在野外工作的人，经常需要利用北极星来辨别方向。对于一般人来说，这也是不可或缺的知识。那么，在茫茫的星空之中，怎样寻找北极星呢？

通常有两种方法可以寻找到北极星。第一种是先找到大熊座，也就是北斗七星，这七颗星星在北方的天空中形成一个勺子形状。将勺口的两颗星星连成一条线，并向前延伸 5 倍，在延长线的终点有一颗和大熊座亮度相当的星星，就是北极星了。北斗七星每天绕北极星转一圈，但是它的勺口总是对着北极星。另一种方法就是找到仙后座。仙后座是由 5 颗星星组成的，形状好像英文字母"W"。将 W 的两条边向后延长相交于一点，把这个点与仙后座中间的星连成一条线，并向前延长 5 倍，在延

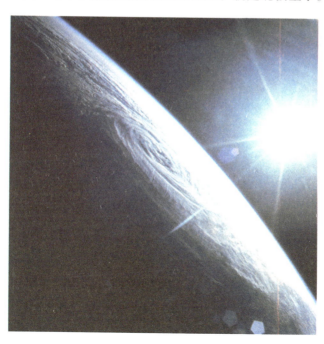

153

天文奥秘一点通

长线的终点就可以找到北极星了。

　　找到了北极星，其他方向就很容易确定了。面对着北方，背后是南方，左边是西方，右边是东方。北极星在地平线上的倾角近似于当地的地理纬度，因此，知道了某地北极星的倾角就可以知道当地的纬度了。

什么是星等？

　　天文学家用数字标明恒星的亮度。这种简单的标注称为星等，它并不是恒星的实际亮度，而只是从地球上看到的亮度。一颗星的星等数字越大，这颗星就越暗。肉眼可以看见1～6星等。

小资料

考考你

1.（　）在北方的天空中形成一个勺子形状。

A 北斗七星　B 仙后座　C 北极星

2.仙后座是由（　）颗星星组成的，形状好像字母"W"。

A 6　B 5　C 4

答案：1.A 2.B

78　为什么没有南极星？

在南极天空有一个南极星座，可是南极星座里有一颗叫做 σ 的星，它离南天极和北极星离北天极的距离几乎差不多。但是，这颗 σ 星的亮度仅是北极星亮度的三分之一左右。即使视力最好的人，也只能够在晴天没有云和月亮的夜空里细心寻找，才可能看到它。显然，一颗亮度不够的星星，是不能作为标志的。而且，在南极星座中，即使是最亮的星也要比北极星暗一半，更何况它还离南天极较远，一颗不能指示正南方向的星星，也不能称

为南极星。南极星座的星星都很暗，没有一颗星星能够担当起"南极星"的重任。但是，全天空第二亮的星星——老人星，正在逐渐靠近南天极。有朝一日，老人星或许能够登上"南极星"的宝座。只是，现在还没有哪颗星星能够真正达到南极星的标准。

南天的老人星

在南天船底座中有颗耀眼的星星，它就是老人星，学名叫南天船底座 α。老人星呈青白色，由于它太靠近地平线，所以在中国北方地区很难看到它。这颗"老人星"实际上是个充满青春活力的"小伙子"。据天文学家测量，老人星的实际发光能力比太阳要强 6000 倍。

小资料

考考你

1. 南极星座的星星（   ）。

A 都很亮   B 都不足够的亮

C 有的很亮，有的不亮

2. 全天空第二亮的星星是（   ）。

A 金星   B 天狼星   C 老人星

答案：1.B 2.C

79 为什么北极星总是指向正北方?

　　地球的自转轴在天空中的位置是很稳定的,人们把地球自转轴在空中所指的方向定为南和北。北极星恰恰就在地球自转轴正北的方向,所以古时人们在大海中航行,在沙漠、森林、旷野上跋涉,总是借助它来指示方向。因此人们非常敬仰它,中国古时甚至将它视为帝王的象征。就是在科技高度发达的今天,北极星在天文测量、定位等许多方面仍然有着非常重要的应用。

　　其实,北极星并不正好在北极点上,它和北极点还有 1° 的距离,

天文奥秘一点通

只不过再没有别的星比它更接近北极点了，所以它就近似地被人们视为北极点。如果人们站在地球的北极，这时北极星就在头顶的正上方。在北半球的其他地方，人们看到北极星永远在正北方的位置上不动。而且，由于地球的自转和公转，北天的星座看上去每天、每年都绕北极星转一圈。尤其是北斗七星，勺口指向北极星，并绕着它旋转，永不停歇。

北极点

人们居住的地球每天都在不停地自转着，它所旋转的轴是用眼睛看不到的，但是人们假想它是一条由两端穿过地球中心的线，叫做地轴。地轴的两端就是南北两极，而地轴的北端，北半球的顶点就叫做北极点。

小资料

考考你

1．北极星（　　）北极点。
A 正好在　B 远离　C 稍稍偏离
2．地球自转轴在天空的位置是（　　）。
A 很稳定的　B 一直变化的
C 有间隔的变化

答案：1．C 2．A

80 什么是变星？

天文学家们发现，恒星并不是永恒不变的，宇宙中的恒星有很多都在时时刻刻地变化着。有些恒星在几个小时到几百天的时间里，一会儿变亮，一会儿变暗，人们把这种有规律变化的恒星叫做变星。变星可以依据成因分为食变星、脉动变星、新星、超新星等几种。

食变星是指有两颗恒星互相绕着运行，当一颗星转到另一颗星面前的时候，由于两颗星位置的变化，造成了它们亮度的减弱或增强。食变星中最具代表性的一个是英仙星座的大陵五星。

脉动变星是指按照一定周期膨胀和收缩的恒星。由于它存在的年代比较久远，核反应已经很不稳定，所以，在收缩的时候会显得特别明亮，在膨胀的时候显得特别黯淡。脉动变星有很多类型，最典型的一类代表

天文奥秘一点通

是仙王星座中的造父一星。

新星是亮度在短时间内突然剧增，然后缓慢减弱的一类变星。超新星是爆发规模更大的变星，亮度的增幅为新星的数百倍甚至数千倍。超新星是恒星所能经历的规模最大的灾难性爆发。

中国新星

美国天文学家哈勃在1929年提出，蟹状星云是900多年前的一颗超新星爆炸形成的。这一推测在中国古代的天文记载中得以证实：《宋会要》记载，公元1054年7月，一颗亮星突然在现在的蟹状星云位置出现。这种现象持续了大约两年。因为这颗星出现在中国的历史记载里，所以它被称为"中国新星"。

考考你

1. 人们把这种有规律变化的（　　）就叫做变星。

A 恒星　B 行星　C 卫星

2.（　　）是有两颗恒星互相绕着运行。

A 食变星　B 脉动变星　C 红巨星

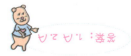

答案：1.A 2.A

81　什么是脉冲星？

脉冲星是 20 世纪 60 年代天文学上著名的四大发现之一，它的发现过程非常有趣。

1967 年的秋天，英国天文学家休伊什及其助手贝尔，在天文观测时发现了一个奇特的无线电脉冲信号。这个信号的脉冲周期

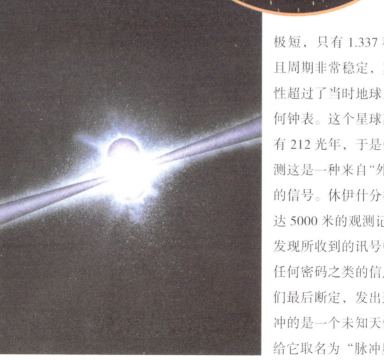

极短，只有 1.337 秒，而且周期非常稳定，其准确性超过了当时地球上的任何钟表。这个星球离地球有 212 光年，于是他们推测这是一种来自"外星人"的信号。休伊什分析了长达 5000 米的观测记录纸，发现所收到的讯号中没有任何密码之类的信息。他们最后断定，发出这种脉冲的是一个未知天体，并给它取名为"脉冲星"。

161

脉冲星总是不断朝一个方向发出一束很强的射电波，而且快速地自转。每自转一周它发射出的射电波就扫过地球一次，人们就能记录到一个射电脉冲。由于脉冲星的自转非常均匀，所以人们在地球上就收到了极有规律的脉冲信号。

162

20 世纪天文学四大发现

脉冲星与类星体、宇宙微波背景辐射、星际有机分子一起，并称为 20 世纪 60 年代天文学"四大发现"。类星体是一种光度极高、距离极远的奇异天体，它们的大小不到 1 光年，而亮度却比直径约 10 万光年的巨星系还大 1000 倍。宇宙微波背景辐射是一种充满整个宇宙的电磁辐射。星际有机分子则指星际空间存在的有机分子。

小资料

考考你

1.（　）是 20 世纪 60 年代天文学上著名的四大发现之一。

A 黑洞　B 超新星　C 脉冲星

2. 脉冲星总是不断朝一个方向发出一束很强的射电波，而且快速地（　）。

A 自转　B 公转　C 旋转

答案：1.C 2.A

82 什么是中子星？

在物理上，物质是由原子构成的，原子核和绕其运动的电子组成了原子。原子核是非常致密的，由带正电的质子和不带电的中子紧密结合在一起。

1932 年，英国的物理学家查德维克发现中子以后，苏联物理学家朗道就预言了宇宙中可能存在一种直接由中子组成的星球。30 多年以后，天文学家们发现了脉冲星，并且确认它就是中子星，证实了郎道的预言。中子星是一种比较奇特的天体，它非常致密，

自身的万有引力可以将相当于一个太阳质量的物质压缩在半径仅为10千米的球体内。

天文学家一般认为，在大质量恒星的"晚年"，都会有一次可怕的超新星爆发。原来星球中的大部分物质被抛射到宇宙空间，剩下的物质急剧收缩，在星体内部产生了极大的压力，把原子的外层电子挤到原子核内，核内的质子与电子结合，就会形成异常紧密的中子结构物质，这就是中子星。

构成物质的微粒

分子是独立存在而保持物质化学性质的最小粒子。原子是构成化学元素的基本单位，是物质化学变化中的最小微粒。所有的分子都是由原子构成的。原子核由质子和中子组成，位于原子的中心，占据了原子重量的大部分，还有一部分是围绕着原子核高速运转的电子。

小资料

 考考你

1．物质是由（　）构成的。

A原子　B分子　C电子

2．（　）预言了宇宙中可能存在一种直接由中子组成的星球。

A查德维克　B郎道　C伽利略

答案：1.A 2.B

83 什么是类星体？

类星体的发现被誉为 20 世纪 60 年代天文学的四大发现之一。它是一种新型的银河系外的天体，到目前为止已经发现了数千个类星体。

类星体分为类星射电源和蓝星体两种。对于那种类似

恒星而并非恒星的天体，人们称之为"类星射电源"。后来通过光学观测又发现了在相片底片上有类似恒星的点状像，在它们光谱中的发射线也有很大的红移，但不是射电波，这种天体称之为"蓝星体"。

类星体的显著特征是具有很大的红移，即它们以飞快的速度在远离人们。根据它们在相片底片上呈现出来的类似恒星的点光源像，天

165

天文奥秘一点通

文学家们推算其星体大小不到 1 光年，或者只是银河系大小的万分之一，甚至更小。类星体距离人们非常遥远，大约在几十亿光年以外，甚至更远。但是它们看上去光学亮度却并不弱，其光区的辐射功率是普通星系的成百上千倍，而其射电辐射功率比普通星系大 100 万倍。

有些天文学家认为，类星体并不是在人们根据其红移值推算出来的遥远地方，而是在银河系附近的某处。

天体的红移

一个天体的光谱向长波（红）端的转移叫做红移。通常认为它是多普勒效应导致的，即当一个波源（光波或射电波）和一个观测者互相快速运动时所造成的波长变化。美国天文学家哈勃于 1929 年确认，遥远的星系均远离我们地球所在的银河系而去，同时，它们的红移随着它们的距离增大而成正比例增加。

小资料

考考你

1. 对于那种类似恒星而并非恒星的天体，人们称之为（　　）。

A 类星体　　B 类星射电源　　C 蓝星体

2. 天文学家们推算类星体大小不到（　　）光年。

A 1　　B 2　　C 3

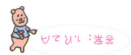

答案：1.A 2.A

84　黑洞是怎么回事?

　　"黑洞"很容易让人联想成是一个大黑窟窿，其实不然。科学家们认为，黑洞是由具有极大质量的恒星坍缩后形成的。它有很高的密度和引力，以致于任何物质和辐射（包括速度最快的光）都逃不出它的吸引。

　　同别的天体相比，黑洞显得很特殊。人们无法直接观察到它，连科学家都只能对它的内部结构提出各种猜想。那么，黑洞是怎么把自己隐藏起来的呢？答案就是弯曲的空间。光是沿直线传播的，可是根据广义相对论，空间

167

天文奥秘一点通

会在引力场的作用下弯曲。简单地说，光本来是要走直线的，只不过强大的引力把它拉得偏离了原来的方向。

在地球上，由于引力场作用很小，这种弯曲是微乎其微的。而在黑洞周围，空间的这种变形非常大。即使是被黑洞挡住的恒星发出的光，也会有一部分光线通过弯曲的空间，绕过黑洞而到达地球。所以，人们也能观察到黑洞背面的星空，就像黑洞不存在一样，这就是黑洞的"隐身术"。

爱因斯坦的相对论

相对论是由爱因斯坦提出，研究时间和空间相对关系的物理学说，分为狭义相对论和广义相对论。前者认为物体的运动是相对的，光速不因光源运动而改变，物体质量与能量的关系为 $E=mc2$。后者认为物质的运动是物质引力场派生的，光在引力场中传播因受引力场影响而改变方向。

资 料

考 考 你

1．黑洞是由具有极大质量的（　）坍缩后形成的。
　　A 行星　B 恒星　C 星云
2．黑洞的引力（　）。
　　A 非常大　B 非常小　C 很一般

答案：1.B 2.A

85 "白洞"是怎样形成的?

根据爱因斯坦的广义相对论，人们由黑洞推测出来了另一种奇特的天体，叫做白洞。黑洞的基本特征是任何物质只能进入它的边界，而不能从中跑出来。和黑洞截然相反，白洞内部的物质可以流出边界，而边界以外的物质却不能进入白洞。换句话说，白洞拒绝任何外来者，只允许自己的物质和能量向外辐射。

一直以来，科学家们对白洞的形成有着各种猜测。有人认为，白洞是黑洞的"物极必反"，由黑洞演化而来。白洞中的超密度物质是由原先

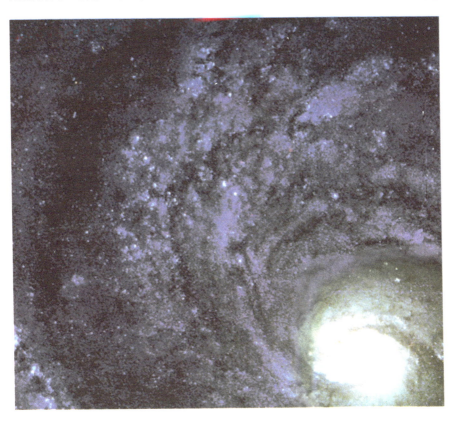

因引力坍缩而形成黑洞时造成的，通过白洞的形式，将它在身为黑洞时搜刮来的"不义之财"全部施舍殆尽。也有人认为，在宇宙最初的大爆炸中，由于爆炸是不均匀的，有些密度极高的物质没有立即膨胀开来，它们过了很长时间才开始膨胀，就形成了新的膨胀中心——白洞，源源不断地向外界散发物质和能量。

白洞和黑洞

白洞到目前为止，还仅仅是科学家的猜想，还没有观察到任何能表明白洞可能存在的证据。在理论研究上也还没有重大突破。不过，最新的研究可能会得出一个令人兴奋的结论，即："白洞"很可能就是"黑洞"本身！也就是说黑洞在这一端吸收物质，而在另一端则喷射物质，就像一个巨大的时空隧道。

小资料

考考你

1.（　）的基本特征是任何物质只能进入它的边界，而不能从中跑出来。

A 黑洞　B 白洞　C 宇宙

2.（　）内部的物质可以流出边界，而边界以外的物质却不能进入。

A 黑洞　B 白洞　C 宇宙

答案：1.A 2.B

86　有没有可能超光速飞行？

美国"先驱"号和"旅行者"号宇宙飞船在宇宙中已经飞行了几十年了，仍然以每秒钟17.2千米的速度向宇宙深处飞去。但是，当这些飞船到达离地球最近的恒星"比邻星"的时候，也将是在十多万年以后的事情了。即使这些飞船以光速的速度行驶，对于直径为10万光年的银河系来说，也是无济于事的。那么，宇宙飞船有没有可能以比光速还要快的速度飞行呢？

爱因斯坦的相对论告诉人们，光速是宇宙中一切运动物体的极限速度，这就为超光速飞行判了"死刑"。但是，科学家们并没有放弃在这方

面的探索。1988年，美国工程师奥伦斯基声称自己在实验中发现有运动速度比光速快100倍的信号，但是许多物理学家认为他的实验有漏洞，不足以证明超光速信号的存在。

1995年，英国伦敦大学的伊恩·克

天文奥秘一点通

劳福德提出，根据现代物理学理论，想要实现更节省时间的宇宙航行，要么通过所谓的"蠕虫洞"，即物理学理论中假设的由强重力场造成的缝隙，要么就是通过压缩自然距离的方法来实现，这种方法叫做空间翘曲推进。他的这种理论主张受到了人们的关注。

光速的测定

以前，人们认为光的传播不需要时间。到 1607 年，伽利略最早尝试测定光速，但并没成功。以后的学者在伽利略实验的基础上继续尝试。1676 年丹麦天文学家罗默、1849 年法国物理学家菲佑都粗略测出光速。1926 年美国物理学家麦克耳孙精确地测定了光速。1975 年国际计量大会确定真空中光速近似为 30 万千米 / 秒。

1. 爱因斯坦的相对论告诉人们，（　）是宇宙中一切运动物体的极限速度。

A 宇宙速度　B 光速　C 宇宙第一速度

2.（　）是物理学理论中假设的由强重力场造成的缝隙。

A 蠕虫洞　B 黑洞　C 白洞

答案：1.B 2.A

87 为什么哈勃望远镜拍摄的照片特别清晰？

　　哈勃望远镜是目前世界上最有效的宇宙观测工具，也是送入太空最大的望远镜。哈勃望远镜有两块反光镜，最大的反光镜有 2.4 米宽，0.3 米厚。它的视力是超强的，人们通过它可以看见距离地球 130 亿光年的天体。

　　由于哈勃望远镜在距离地面 600 千米的太空轨道上运行，没有地球大气层的阻拦，所以能拍摄到非常清晰的照片，其观测能力相当于能够分辨出 1 万千米以外相距不到 2 米的两只萤火虫。

　　哈勃望远镜在刚刚进入太空的时候，由于制造、发射和宇宙环境的

天文奥秘一点通

原因,患上了"近视"。后来宇航员乘坐"奋进号"航天飞机,用了 35 个小时,给哈勃望远镜戴上了一个相当于近视眼镜的矫正仪器,并且换下了严重受损的太阳能电池板,改进了它的计算机,更换了两个用于瞄准和稳定镜身的陀螺仪,才为它治好了"近视"。

174

直击哈勃望远镜

　　哈勃望远镜是以美国天文学家埃德温·P·哈勃命名的,是目前最大最精确的天文望远镜。它全长12.9米,镜筒直径4.27米,重12吨,是一座结构复杂,设备先进的空间天文台。哈勃望远镜上面的广角行星照相机可拍摄上百个恒星的照片,其清晰度是地面天文望远镜的10倍以上。

　　1.(　　)是目前世界上最有效的宇宙观测工具,也是送入太空最大的望远镜。

　　A 射电望远镜　　B 日冕仪

　　C 哈勃望远镜

　　2.哈勃望远镜在刚刚进入太空的时候,由于制造、发射和宇宙环境的原因,患上了(　　)。

　　A 弱视　　B 近视　　C 远视

答案:1.C 2.B

88 天文台的屋顶为何做成半圆形？

　　天文台的圆球形屋顶实际上是天文台的观测室，半圆形的设计是为了便于观测。在天文台里，人们是通过天文望远镜来观察太空，天文望远镜往往做得非常庞大，不能随便移动。而天文望远镜观测的目标，又分布在天空的各个方向。如果采用普通的屋顶，就很难使望远镜随意指向任何方向上的目标。天文台的屋顶造成圆球形，并且在圆顶和墙壁的接合处装置了由计算机控制的机械旋转系统，使观测研究变得十分方便。这样，用天文望远镜进行观测时，只要转动圆形屋顶，把天窗转到要观测的方向，望远镜也就随之转到同一方向，再上下调整天文望远镜的镜头，就可以使望远镜指向天空中的任何目标了。不用时只要把圆顶上的天窗关上，就可以保护天文望远镜不受风雨的侵袭。当然，并不是所有的天

文台的观测室都要做成圆形屋顶，有些天文观测只是对准某一方向进行观测，观测室就可以造成长方形或方形的，在屋顶中央开一条长条形天窗，天文望远镜就可以进行工作了。

世界上最早的天文仪器

中国拥有世界上最多的古代天文资料，这些都是由古代最早、最先进的天文仪器观测到的，如圭表、浑仪、浑象等。圭表是古代的计时工具，它以太阳光照射立杆的投影位置测定时间。浑仪由支架和带有刻度的圆环组成，用以测量日月星辰的位置。浑象则用于演示天象，与浑仪合称为浑天仪。

1．天文台的屋顶大多数是（　　）。

A 圆屋顶　B 尖屋顶　C 平屋顶

2．天文台的观测室（　　）做成圆形屋顶。

A 必须　B 不能　C 视观测而定可以不

答案：1.A 2.C

89　什么是UFO？

UFO是英文"Unidentified Flying Object"的缩写，意思是不明飞行物。这种不明飞行物外形多像盘子，所以又称"飞碟"。古今中外关于UFO的记载有很多。

关于"飞碟"的第一次报道是在1947年6月24日，那天，美国商人阿诺德驾驶私人飞机途经华盛顿雷尼尔山上空时，突然看到了9个发光的物体像碟子一样编着队快速移动。这件事在美国产生了轰动，一名记者在报道中把这些物体称为"飞碟"，于是"飞碟"的说法传播开来。这是现代人研究UFO的开始，但这并不是人类第一次看到不明飞行物。中国古代春秋时期的《山海经·博物志》中已有相关记载，以后历代史书中也有这类的记载。19世纪沙俄的科学院有关于UFO的详细报

天文奥秘一点通

告。此外，很多国家的史前遗迹、建筑、岩画中也都有类似的记载。1942年，一个外国人在天津街头拍摄了一张UFO的照片，这被专家认为是人类最早的一张UFO照片资料。

目前，大多数"UFO"现象已被科学家确认是人们的错觉或误认，但是仍有一小部分UFO之谜未被解开。UFO到底是什么？这还需要人们继续艰苦探索和研究。

海洋中也有"飞碟"

海中飞碟与空中飞碟不一样，它们大多诞生于大江、大河、大湖的入海处，当这些淡水和海水相遇时，由于比重和性质不同，互不相融，于是在肉眼看不到的海洋深处，形成了快速旋转的"飞碟"。海中飞碟要比空中飞碟大得多，它在飞速旋转时，"吞进"了难以计数的鱼虾。

小资料

考考你

1．最早的飞碟照片资料是（　）拍摄的。
A 1972年　B 1942年　C 1922年
2．"飞碟"一词来源于（　）美国商人阿诺德的发现。
A 1942年　B 1947年　C 1949年

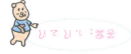

答案：1.B 2.B

90 谁是"宇航之父"？

科学技术发展的历史证明，每当科学将有重大突破时，总需要有杰出的科学家出现，他们站在人类已经获得的知识的高峰上，凭借自己的才能把科学水平推向一个新的高峰。正当人们探索宇宙遇到重大困难之时，俄国科学家齐奥尔科夫斯基在

1903 年发表了著名的论文《利用喷气装置探索宇宙空间》。他认为无论是气球还是飞机的飞行，都离不开空气的浮力或升力。而要飞到没有空气的星际空间，就只有靠火箭。火箭自身携带的燃料燃烧时产生的气体喷发对火箭产生一种反作用力，火箭就是靠这种反作用力而飞行。他通过计算提出，必须依靠多级火箭，人们才能飞出地球。同时他也提出可以使用煤油和液氧作为液体燃料，这样燃料就可以随时调节以此来控制火箭，让火箭听话。齐

天文奥秘一点通

奥尔科夫斯基的论断引证了他的一句名言："地球是人类的摇篮，但人类总不会永远躺在摇篮中。"他的理论结束了人类飞天梦想的时代，开创了一个真正意义上的航天时代。因此他被尊为"宇航之父"。他的理论在20多年后，终于被付之于实践。

作用力与反作用力

力总是成对地同时出现，如果A物体对B物体有力的作用，那么B物体对A物体也一定有力的作用，它们总是大小相等，方向相反，作用在一条直线上，这就是作用力与反作用力。作用力与反作用力总是同时出现同时消失，而且属于同一类型的力。

小资料

考考你

1."宇航之父"是（　　）。

A 哥白尼　B 齐奥尔科夫斯基　C 伽莫夫

2."宇航之父"的《利用喷气装置探索宇宙空间》是在（　　）年发表的。

A 1903　B 1930　C 1982

答案：1.B 2.A

91 为什么人造卫星总是向东发射?

地球是由西向东自转的,将人造卫星向东发射,可以利用地球的惯性,就好像"顺水推舟"一样,节省推力,从而节省燃料。地球运动的速度,随着纬度的不同也是不一样的。一般来说,地球表面的运动

速度随着纬度的增加而减小,赤道上的速度最大,南北两极则为零。所以发射地点的纬度越低,火箭需要的推力也就越小,就可以节省更多的燃料。因此卫星最理想的发射方式,就是顺着地球自转的方向,在赤道附近以倾角为零度的角度发射。

由于各国的地理纬度不同以及不同的需要,火箭不可能全在赤道附近发射,发射方向也不能全都正好由西

181

天文奥秘一点通

向东，比如偏向东南或东北，但总不能离开这个"东"字。这都是为了要尽量利用地球自转的惯性，节省推力。

第二宇宙速度

第一宇宙速度是人造卫星在地面附近绕地球作圆周运动必须具有的最低发射速度，为7.9千米/秒。当卫星的发射速度等于或大于11.2千米/秒，就会脱离地球引力的束缚成为绕太阳运动的人造卫星或飞到其他行星上，这一速度叫做第二宇宙速度，又叫逃离速度。

1．地球表面的运动速度随着纬度的增加而（　）。

A 增加　B 减小　C 不变

2．火箭发射时，发射地点的纬度越低，火箭需要的推力也就（　）。

A 越大　B 越小　C 与地点无关

答案：1.B 2.B

92 一箭多星是如何发射的？

一箭多星指的是用 1 枚火箭将 2 颗以上的卫星送入太空。1960 年，美国首次用 1 枚火箭发射了 2 颗卫星，1961 年，又实现了用 1 枚火箭发射 3 颗卫星。苏联多次用 1 枚火箭发射 8 颗卫星。欧洲空间局在中国成功发射一箭三星之前，把 1 颗气象卫星和 1 颗试验卫星用 1 枚火箭送到了太空。

中国首次成功发射一箭多星卫星是在 1981 年 9 月 20 日。当时，中国成功地用 1 枚运载火箭把 3 颗卫星同时送入地球轨道。这标志着中国是世界上第 4 个掌握一箭多星技术的国家。一箭多星是一种比较先进的技术，因为准备一次火箭发射，需要消耗大量的资金和人力，一箭多星

天文奥秘一点通

能够降低成本，节省人力物力，能取得较多的效益。况且在近地的同一轨道上，需要2颗以上的卫星，在绕地运行的过程中互相配合进行探测时，一箭多星就是比较好的方式了。

中国发射的第一颗卫星

1970年4月24日，中国在酒泉卫星发射中心成功发射了第一颗人造地球卫星——"东方红"1号。"东方红"1号重173千克，超过苏美法日四国发射的第一颗人造卫星的重量总和。

小资料

考考你

1.一箭多星指的是用1枚火箭将（ ）颗以上的卫星送入太空。

A 3 B 2 C 1

2.中国是世界上第（ ）个掌握一箭多星技术的国家。

A 4 B 3 C 2

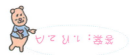
答案：1.A 2.A

93 发射场为什么离赤道越近越好？

世界上各大主要的航天发射场大多分布在赤道附近的中、低纬度区域，这是为了在发射的过程中沾一点地球自转的"光"。航天发射场位置的选择，除了要考虑安全、气象等因素以外，还要考虑如何经济地发射卫星的问题。

地球在不停地由西向东自转，但是地球表面不同地点的线速度是不同的。赤道处的线速度最快，约为465米/秒，纬度越高线速度就越小。线速度在纬度30°处为403米/秒，在纬度60°处为233米/秒，在南北极处为0米/秒。所以发射由西向东运转的卫星，

天文奥秘一点通

特别是轨道与赤道的倾角很小的卫星，发射场就是离赤道越近，获得的地球自转产生的离心力也就越大。但是，如果发射的卫星轨道倾角很大时，特别是通过两极轨道的卫星或由东向西运转的卫星的时候，离赤道比较近的发射场就没有什么优越性了。

角速度与线速度

物体做圆周运动时，单位时间内转动的角度叫做角速度，单位是弧度／秒，为标量（只有大小而没有方向的物理量）。物体做曲线运动（包括圆周运动）时，单位时间内经过的距离叫做线速度，单位是米／秒或千米／秒，为矢量（有大小也有方向的物理量）。

1．世界上各个主要的航天发射场多半分布在（　）附近。

A 赤道　B 南极　C 北极

2．在南北极的线速度为（　）米／秒。

A 465　B 403　C 0

答案：1.A 2.C

94 侦察卫星真的能看清楚地面上士兵的胡须吗?

人们通常说的侦察卫星,一般是指照相侦察卫星,它又分为可见光照相侦察卫星和雷达照相侦察卫星。照相侦察卫星的图像,实际上和人们平时用照相机拍照所得到的照片没有什么区别,它是由许多肉眼看不见的像点组成,类似
于人们所用的数码相机的像素,像点越小,照相可辨认的细节尺寸越小。地面分辨率是衡量照相侦察卫星技术水平的重要指标。通俗地说,地面分辨率是能够在照片上区分两个目标的最小间距,它并不代表能从照片上识别地面物体的最小尺寸。根据卫星照片不同的使用情况,地面分辨

187

天文奥秘一点通

率可以分为四级。第一级是发现，从照片上仅仅能判断目标的有无；第二级是识别，能大致看出目标轮廓；第三级是确认，能从同一大类目标中指出其所属类型；第四级是描述，能识别目标的特征和细节。而按目前卫星侦察的水平，并不能根据照片详细描述物体的特征。因此，"侦察卫星能看清士兵脸上的胡须"的说法目前还没有实现。

太阳的七色光

　　每天，太阳都会普照大地，给人们带来光明和温暖。但其实太阳光并不是我们看来呈白色的一种光，而是由很多种光组成的复色光，其中我们人眼能看见的部分叫做可见光，是由红、橙、黄、绿、蓝、靛、紫七种颜色的光组成的。

 考考你

　1. 地面分辨率是能够在照片上（　　）。

A 区分两个目标的最小间距

B 地面物体的最小尺寸

C 描述物体的特征

　2. 根据卫星照片不同的使用情况，地面分辨率可以分为（　　）级。

A 3　B 4　C 5

答案：1.A 2.B

95 人造卫星会掉下来吗？

　　人造地球卫星是环绕地球飞行并在它的空间轨道上运行一圈以上的无人航天器，简称人造卫星。人造卫星按运行的轨道可分为低轨道卫星、中高轨道卫星、地球同步卫星、地球静止卫星、太阳同步卫星、大椭圆轨道卫星和极轨道卫星；按用途可分为科学卫星、应用卫星和技术试验卫星。

　　人造卫星有很多是人们用肉眼完全能看到的，但是由于它们离地球只有数百或数千千米，地球的阴影很容易遮住它们，所以，人们通常只能在黄昏和黎明的

天文奥秘一点通

时候看到人造卫星。

　　人造卫星是不会掉下来的。科学证明，如果物体在运行速度达到每秒7.9千米以上，就不会被地球的引力拉回地面。成功发射的人造卫星进入轨道时的速度都在每秒7.9千米以上，因而，如果它不再受外力的影响，是不会掉下来的。

人造卫星的用途

　　勘探卫星能测量地形，调查地面资源，勘探地下矿藏；气象卫星能拍摄云图，观测风向和风速；间谍卫星能搜集军事情报；实验卫星能帮助科学家在太空中做许多地面不能做的实验；救援卫星能搜寻到遇难者发出的求救信号等。

小资料

考考你

　　1．物体在运行速度达到每秒（　　）千米以上，就不会被地球的引力拉回地面。
　　A 7.9　　B 8.2　　C 9.8
　　2．人们通常只能在（　　）的时候看到人造卫星。
　　A 中午　　B 夜晚　　C 黄昏和黎明

答案：1.A 2.C

96 怎样修理损坏的卫星？

在卫星升空之前，航天专家会尽可能地预见各种可能发生的意外情况，制订一些相应的应急方案。卫星升空以后，如果出现一些小毛病，就可以通过地面的遥控指令来进行补救。1983年，苏联一颗从地面上的人员就巧妙地遥控了卫星上24个控制姿态的小火箭，经过39次点火，每一次都使它升高一点，经过了58天，终于使它静止定位了。

但是如果卫星出问题的部件比较关键，就需要宇航员上太空进行修理了。1992年，美国"奋进"号航天飞机的宇航员就用手"擒获"了一颗失控两年多的通信卫星，给它换了一个发动机，使它进入轨道正常工作了。

还有一些卫星在太空中不能靠宇航员来修理，就只能运回地球返修了。1984年，中国的一颗

天文奥秘一点通

卫星被送上太空以后，发动机发生故障，没有升到静止轨道。同年 11 月，一架航天飞机把它接回地面。经过整修后，1990 年 4 月在我国的西昌由火箭再次发射升空，它就是"亚洲"1 号通信卫星。

地球静止卫星轨道

卫星运行周期与地球自转周期相同的轨道称为地球同步卫星轨道，而在无数条同步轨道中，有一条圆形轨道，它的轨道平面与地球赤道平面重合，在这个轨道上的所有卫星，从地面看都像是悬在赤道上空静止不动，这样的卫星称为地球静止轨道卫星，这条轨道就称为地球静止卫星轨道，高度大约是 35900 千米。

考考你

1.( )，美国"奋进"号航天飞机的宇航员就用手"擒获"了一颗失控两年多的通信卫星，给它换了一个发动机，使它进入轨道正常工作。

A 1991 年　B 1992 年　C 1993 年

2."亚洲"1 号通信卫星经过整修后，1990 年在( )的西昌由火箭发射升空。

A 中国　B 美国　C 俄罗斯

答案：1.B 2.A

97 什么是人体地球卫星？

　　美国航天飞机的第十次飞行,在航天记录上留下了一个新的词汇——人体地球卫星。1984年2月7日,美国宇航员麦坎德列斯和斯图尔特不拴系绳离开"挑战者"号航天飞机,成为第一批"人体地球卫星"。

　　所谓"人体地球卫星",就是宇航员背着"火箭背包",完全脱离航天飞机,不用安全绳系着,像卫星一样以每小时27000多千米的速度在环绕地球的太空轨道中"飘浮飞行"。"火箭背包"是重量为160千克的带有微型喷气推进装置的新型航天服。它的外形像一把有扶手、踏板的座椅,可以操纵它进退、上下、左右、滚动、俯仰以及偏航。这种载人机动装置主要是由铝制成

193

天文奥秘一点通

的，每件有两套压缩气箱和电池组以及作为动力的氮气射流装置。如果第一组发生故障，则可使用第二组。如果发生意外，还可由另一个宇航员送去一个新的背包。

这种"人体地球卫星"可以用于修理发生故障的人造卫星，为将来建立永久性的太空轨道站创造了条件。

在宇宙飞行最久的女航天员

女航天员所创造的最长飞行时间纪录是188天4小时14秒，这位航天员是美国的香农·卢西德。1996年3月22日，她乘坐美国的"亚特兰蒂斯STS76"号宇宙飞船抵达"和平"号空间站，同年9月26日乘"亚特兰蒂斯STS79"号返回地面。返回地面后，她即被克林顿总统授予国会太空荣誉勋章。

考考你

1．人体地球卫星的主体是（　）。

A卫星　B人　C火箭

2．第一批人体地球卫星是（　）国的宇航员。

A英　B美　C法

答案：1.B 2.B

98　航天飞机为什么要垂直升空、水平降落？

　　航天飞机是世界上第一种也是目前唯一可重复利用的航天运载器。航天飞机一般由轨道飞行器、一个大型的外挂燃料箱和两台固体火箭助推器三大部分组成。外挂燃料箱和固体火箭助推器都是很重的，它们足足有十几层楼那么高。

　　航天飞机带着那么重的负担，当然无法像普通飞机那样水平滑跑起飞，而且它受到的空气阻力也远远超过大型飞机，加上火箭发动机只能短时间工作。因此，航天飞机必须在最初 1~2 分钟里垂直上升，尽快冲出稠密的低层大气。航天飞机先上升到几十千米高空，扔下两枚耗尽燃料的助推火箭。这些火箭用降落伞回收后可以重复使用。当航天飞机上

天文奥秘一点通

升到100多千米高度时，庞大的外燃料箱的燃料也用完了，就会自动坠落。这时航天飞机本身的发动机足以把它送上几百千米高的轨道。当航天飞机返航时，早已摆脱了累赘的外挂物，就能像滑翔机一样飘然降落了。

航天飞机的诞生

20世纪初人们产生了航天运输的设想。1938-1942年奥地利工程师E·森格尔绘制过以火箭助推的环球轰炸机草图。1949年中国科学家钱学森提出了以火箭助推的滑翔机作为洲际运输火箭的设想。1958年美国开始研制一种三角翼的动力滑翔机。1981年4月，世界上第一架航天飞机"哥伦比亚"号在美国研制并试飞成功。

小资料

考考你

1．航天飞机起飞后最先扔下的是（　）。
A 轨道飞行器　B 外挂的燃料箱
C 助推火箭
2．航天飞机返航时，（　）像普通飞机一样降落。
A 完全可以　B 肯定不可以
C 不一定可以

答案：1.C 2.A

99　航天器在太空中如何实现对接？

太空对接是指两个或两个以上的航天器（包括载人和不载人的航天器）太空飞行过程中在预定的时间和轨道位置相会，并在结构上连接成一个整体，形成更大的航天器复合体，去完成特定任务。它主要由航天器控制系统和对接机构完成。太空对接是实现航天站、航天飞机、太空平台和空间运输系统的太空装配、回收、补给、维修、航天员交换及营救等在轨道上服务的先决条件。两个航天器要实现对接并不容易，它涉及很多方面。

对接飞行操作，根据航天员介入的程度和智能控制水平，可分为手控、遥控和自主三种方式。1965 年 12 月 15 日，美国"双子星座"6 号和 7 号

197

飞船在航天员参与下，实现了世界上第一次有人太空交会。1995 年 6 月 29 日，美国"阿特兰蒂斯"号航天飞机顺利地与太空在运行的俄罗斯"和平"号航天站对接成功。这次对接具有规模大、时间长、合作项目多等特点，促进了国际航天站的建立，推动了航天技术的发展。

载人飞船

载人飞船是一种能保障航天员在外层空间生活和工作，以执行航天任务并返回地面的航天器，又称宇宙飞船。载人飞船可以独立进行航天活动，也可作为往返于地面和空间站之间的"渡船"，还能与空间站或其他航天器对接后进行联合飞行。

1．现在的科学技术条件下，太空对接是（　　）。
A 完全可以实现的　B 不可能实现的
C 有极小可能实现的
2．世界上第一次有人太空交会是（　　）首先实现的。
A 苏联　B 美国　C 法国

答案：1.A 2.A

100 宇航员从太空中看到的地球是怎样的？

宇航员们在太空飞行中最大的乐趣就是观看太空景观，由于没有地球大气层的阻挡，他们看到的星星不再闪烁，每个星座也都十分清晰。他们经常看到日出和日落，当日落的时候，可以看见发白的光，得到日落的准确位置。他们在白天也能看见月亮，那时的月亮是浅蓝色的，很漂亮，而晚上的

月亮只能看见一部分，但会比地球上看见的月亮要亮得多。然而，宇航员们最喜欢看的就是人们生存的地球了，虽然每个宇航员都有自己的想法和观点，但是他们都会由衷地感叹"地球漂亮极了"。

从太空中看地球，粗看就是一个蓝色的球体，但细细看来，地球白天大部分是浅蓝色，唯一的绿色带是中国的青藏高原地区，一些高山湖泊很明亮，是橄

榄绿色，撒哈拉大沙漠则呈现出特别的褐色。在地球温度比较低又没有云层的地区，比如喜马拉雅山那样的高山地区，可以清楚地看到它的地貌，甚至可以看见那里的森林、平原、道路、溪流和湖泊，还能看到几幢房屋及烟囱里冒出的白烟。

世界屋脊——青藏高原

　　青藏高原耸立于亚欧大陆南部、中国西南部，平均海拔4000米以上，是中国最高的高原，也是世界上最高区域，号称"世界屋脊"。青藏高原汇集了众多平均海拔5500米以上的高山，遍布着终年积雪的冰川，孕育了长江、黄河、雅鲁藏布江等名江大川，成为许多河流的发源地。

小资料

考考你

　　1．宇航员们在太空中白天看到的月亮是（　　）的。
　　A 浅蓝色　　B 蔚蓝色　　C 黄色
　　2．宇航员们在太空中看见地球上唯一的绿色地带是（　　）。
　　A 撒哈拉大沙漠　　B 喜马拉雅山
　　C 青藏高原

答案：1.A 2.C

101 "阿波罗"工程指的是什么?

"阿波罗"工程又叫做"阿波罗登月计划",指的是美国在20世纪60~70年代初组织实施的载人登月计划。阿波罗是古希腊神话中太阳神的名字,在神话中他和月亮女神阿尔特弥斯是双胞胎。实施阿波罗计划的目的是实现人类登月飞行的梦想,并对月球进行实地考察。

在世界航天史上,"阿波罗"工程具有划时代的意义,它使人类的足迹第一次踏上了另外一个星球。美国的这项工程于1961年5月开始实施,至1972年12月第六次登月成功结束,历时11年,共组织了2万家企业、200多所大学和80多家研究机构约30多万人参加,共耗资255亿美元。

"阿波罗"工程包括运载火箭"土星"5号和载人飞船"阿波罗"号两

天文奥秘一点通

大部分。自 1966 年起，一共发射了 17 艘"阿波罗"号飞船。"阿波罗"工程总共把 6 艘飞船送到月球，12 位宇航员在月球上停留，使人类对月球的了解大大前进了一步。

古希腊神话

希腊神话产生于希腊的远古时代，包括神的故事和英雄传说，还有一些解释某些自然现象的成因、某些习俗和名称起源的故事，这些长期靠口头流传的故事是古希腊人的集体创作。

202

1."阿波罗登月计划"指的是美国在（　）世纪 60~70 年代初组织实施的载人登月计划。

A 19　B 20　C 21

2."阿波罗"工程（　）年 5 月开始实施。

A 1961　B 1962　C 1963

答案：1.B 2.A

102 宇航员在月球上是怎么行走的?

当第一批登月的宇航员阿姆斯特朗和奥尔德林走下登月舱,开始在月球表面行走的时候,他们几乎每走一步都会摇摇晃晃,像喝醉的酒鬼一样。经过一段时间的摸索和练习以后,他们才发现自己必须放弃在地球上两只脚交替的行走模式,而应该采用两脚同时用力的袋鼠蹦跳式的姿势,这才是最佳的行走姿势。

奥尔德林对此总结道:"你要非常小心地记住自己的质量中心在什么地方,有时要走两三步才能弄清你身下还有两只脚"。

为什么在月球上要采用袋鼠蹦跳的方法来行走呢?这主要是由地球和月球的重力不同引起的。人类长期生活在重力较大的地球,两只脚交替行走时的力量、速度和重心的转移都已经习惯了。而在月球上,重力只是地球的1/6,而脚的蹬力却

203

天文奥秘一点通

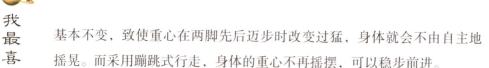

基本不变，致使重心在两脚先后迈步时改变过猛，身体就会不由自主地摇晃。而采用蹦跳式行走，身体的重心不再摇摆，可以稳步前进。

物体的质量中心

物体的质量中心也称质心，物体内各点所受的平行力产生合力，这个合力的作用点叫做这个物体的质心。与重心不同的是，质心不一定要在有重力的场所中。而且除非重力场是均匀的，否则同一物质系统的质心与重心通常不在同一假想点上。

考考你

1.（　　）总结了在月球上行走的方式。

　A 奥尔德林　B 阿姆斯特朗　C 尤里·洛玛曼柯

2.在月球上要采用袋鼠蹦跳式姿势来行走，主要是由地球和月球的（　　）不同而引起的。

　A 质量　B 重力　C 速度

答案：1.A 2.B

103　什么是月球车?

月球车是在月球表面行驶并采集和考察样品的专用车辆，在登月的过程中，它是被折叠放置在登月舱中带上月球的。它分为无人驾驶和有人驾驶两种。无人驾驶的月球车由

轮式基盘和仪器舱组成，用太阳能电池和蓄电池联合供电，它根据地球上的遥控指令，在高低不平的月球表面行驶。"月球车" 1号是靠无线电

遥控的无人驾驶月球车，有8个轮子，在月球上活动了11个月，行走了310千米，采集分析了500多个月球土壤标本，为人类了解月

天文奥秘一点通

球做出了巨大的贡献。

有人驾驶的月球车是由宇航员驾驶在月球上行走，主要是为了扩大宇航员的活动范围，减少宇航员的体力消耗，存放和运输采集来的土壤和岩石标本。它有4个轮子，有点像敞篷的吉普车，轮胎是铝做成的，动力是蓄电池，速度很慢，每小时仅为14千米，但是比宇航员的移动速度快得多。

无线电有什么用？

无线电是用电波的振荡在空中传送信号的技术设备。人们常用的收音机、手机、无绳电话等，都是通过无线电技术接收信号的。以收音机为例，无线电波由发射天线辐射出去，被收音机的天线接收到，然后转成微弱的电信号。我们把想要收听的信号挑出来并予以加强，就可以收听到广播了。

1.（　　）是在月球表面行驶并采集和考察样品的专用车辆。

A 吉普车　B 月球车　C 机动车

2．有人驾驶的月球车的动力是（　　）。

A 太阳能电池和蓄电池　B 太阳能电池

C 蓄电池

104   火星探路者是谁？

　　"火星探路者"飞船于
1996 年 12 月发射，是人类最
近一次派往火星的探测飞船。
由于技术比较先进，它仅用了
7 个月时间就到达了目的地。
1997 年 7 月，"火星探路者"
在火星的"战神谷"冲击平原
上着陆。

　　"火星探路者"飞船是一
辆探测车，有 6 个轮子，可以
在布满岩石的火星表面上行走，还装备了先进的通讯和探测设备。人类
发射"火星探路者"飞船的主要目的是，利用它分析火星的大气、岩石
和土壤的成分，为将来人类登陆火星做准备。

　　"火星探路者"飞船在登陆后的 6 个小时以后，就发回了第一批照片。
在它长达 80 多天的探测时间里，一共向地球发回了 16000 多张照片和大

量的科学数据，出色地完成
了任务。

　　2000 年 1 月，欧洲空间
局通过了科学家和工程师共
同完成"火星快车"宇宙飞
船的建造计划。"火星快车计
划"包括宇宙飞船和相关仪
器、登陆器、地面网络、数

207

天文奥秘一点通

据处理站及发射架等一系列工程。它吸取了以前的经验和教训，各个阶段都采取广泛的国际合作方式，并且对已有研制设备采取再利用的方式。这项计划的主要目的是探索火星上的水和生命。

来自火星的陨星

科学家在一块来自火星的陨星中发现了微生物的遗迹。如果这块陨星的确含有微生物，那么至少可以证明火星上曾经拥有生命。但科学家谨慎地指出，这些微生物的遗迹也有可能来自地球。

小资料

考考你

1.（　）飞船于1996年12月发射，是人类最近一次派往火星的探测飞船。

A 火星探路者　B 火星快车　C 航海者

2.“火星探路者”飞船在登陆后的（　）个小时以后，就发回了第一批照片。

A 4　B 5　C 6

答案：1.A 2.C

208

105 什么样的人能成为
宇航员？

　　成为宇航员是很多人的梦想，那么怎样才能成为一名宇航员呢？对一名职业宇航员的基本要求包括：年龄必须在40岁以下，身高在1.5～1.9米之间，体重与身高协调，并且有1000小时以上飞机驾驶经验，学士学位以上的学历，健康的身体，坚强的意志以及勇敢献身的精神。

　　在太空飞行的过程中，还需要专门人员来做许多科学实验，所以宇航员除了必须具备出色的身体、心理、思想和知识等素质以外，还必须有特别的耐力，经得起失重、超重、低气压和孤独的考验，而且还需要有丰富的科学知识。

　　世界上第一个踏入太空的宇航员是苏联的加加林。1961年4月21日，他乘坐"东方"1号飞船进入太空，绕地球飞行

一周，历时 108 分钟，被人们奉为英雄。

1969 年 7 月 21 日，美国的宇航员阿姆斯特朗穿着舱外宇航服，走出登月舱，第一个在月球上留下了人类的足迹。当时，他说："这是我的一小步，却是人类的一大步。"

航天员的任务

在执行宇宙飞行任务中，航天员必须在空间完成复杂的舱内和舱外活动以及高度智能化的空间科学研究和试验任务。伴随着登月计划的实施，科学研究和试验任务成为飞行的主题，而对航天器的驾驶，则成为太空中开展工作的一个基本保证。

1. 世界上第一个宇航员是苏联的（   ）。

A 加加林　B 奥尔德林　C 阿姆斯特朗

2.（   ）年，美国宇航员阿姆斯特朗第一个在月球上留下了人类的足迹。

A 1976　B 1996　C 1969

答案：1.A 2.C

106　人在太空中怎样洗澡和睡觉？

在太空中睡觉对人来说是一件很简单的事情。在太空中因为失重的关系，所有东西都是处于漂浮的状态，人也不例外，因此就没有了前后左右之分。不管是哪种睡觉姿势，感觉都是一样的。但是宇航员不喜欢这种睡觉方式，他们一般是把睡袋固

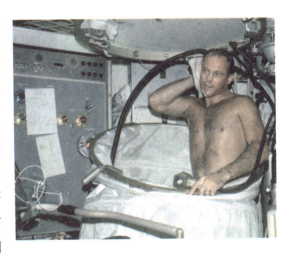

定在舱壁上，然后躺在里面休息。这样也可以避免航天飞船在发射升空时，宇航员撞击舱壁。

相对于在太空中睡觉而言，在太空中洗澡也是一件很麻烦的事情。宇航员洗澡的卫生间是用特殊工艺制成的大气囊，宇航员洗澡的时候，要进入气囊，先把双脚放入固定在地板上的拖鞋里，然后从气囊的顶部取出特制的淋浴喷头和呼吸管，把呼吸管套在身上，

天文奥秘一点通

再用特制的夹子夹住鼻子，以免污水和灰尘从鼻子进入身体。在做完这一切工作后，宇航员才可以洗澡。

超重与失重

超重是指当物体加速上升或减速下降时，它受到的支持力或拉力大于自身的重力；反之，当物体减速上升或加速下降时，它受到的支持力和拉力小于自身的重力，这就是失重。火箭或航天飞机在发射过程中，就会发生超重现象；而航天飞机进入轨道后，产生绕地球运动的向心加速度，因而发生失重现象。

1．太空中人不会有前后左右的分别，是（　）造成的。

A 失重　B 超重　C 迷向

2．在太空中，宇航员的洗澡设施是（　）。

A 和地球上一样的

B 为适应太空环境特制的

C 宇航员自己制作的

答案：1.A 2.B

107 人在太空中为什么
会长高？

苏联宇航员尤里·洛玛曼柯 43 岁的时候，在太空站生活了 326 天回到地面时，身体竟然长高了 1 厘米。这 1 厘米是在失重的状态下增加的。大家知道，人在 20 岁左右的时候，身高已经达到了极限，到了中年以后，一般是不会再长高的。那么，这位宇航员为什么会又长高了 1 厘米呢？

这要从人的骨骼说起了。人的脊椎骨是由 33 块骨头组合而成的，其中绝大多数骨头中间由椎间盘所分隔。椎间盘是一种坚韧的纤维状组织，

能起到保护脊柱的作用。在太空的条件下，由于地球的地心引力不存在了，脊柱骨因为得到舒展而延伸，所以生活了一段时间以后，人就会长高了。

但是这种长高与人在正常情况下的长

天文奥秘一点通

高是不一样的，正常的增高是由于人体内较大骨头的两端长出新的骨膜，并不断积累的结果。而太空中宇航员的增高是在太空的特定条件下发生的，当他返回地球的时候，很快就会恢复原样了。

人体的骨骼

人体内部的框架是由骨骼构成的，它支撑着人的身体，使人能够活动自如。人体骨骼由206块硬骨和软骨构成，它可以分为两组，其中头颅、脊柱及胸廓形成了人体的中轴骨骼，它是人体的垂直轴；四肢骨、肩胛骨和髋骨则构成了人体的附肢骨骼。

小资料

考考你

1. 人在（　）岁左右的时候，身高已经达到了极限。

A 30　B 20　C 10

2. 人的脊椎骨是由（　）块骨头组合而成的。

A 30　B 31　C 33

答案：1.B 2.C

108 为什么太空飞行会加速宇航员的衰老？

　　在地球上行走对于人们来说，是一件再平常不过的事情了。然而，一旦离开地球飞向太空，特别是到超过月球的太空飞行，遇到的首要问题就是失重。

　　失重使行走摆脱了地球重力的束缚，但是它会使宇航员们患上"太空运动病"。"太空运动病"又叫太空适应综合症，症状和在地面上的晕车晕船差不多，常常表现为头晕、目眩、恶心、呕吐等，还可以使视觉、听觉、位置感失调，从而影响工作和生活，也可以使心血系统失调，使下身的血液涌向胸部和头部，上身浮肿、双腿变细等。但是，这些症状一般在宇航员返回地球以后都会慢慢消失。

天文奥秘一点通

然而，由于人类的骨骼和肌肉长期以来为了适应地球引力的作用，产生了一种反地球引力的机能，一旦进入太空的失重环境中，这些能力就会消失，从而使肌肉发生萎缩，骨骼中的矿物质减少。过长时间的失重会造成骨骼的永久性损伤，甚至导致骨折，从而加速衰老。

人为什么会晕车、晕船？

运动病又称晕动病，是晕车、晕船、晕机等的总称。它是由于乘坐交通工具时，人体耳内的平衡感受器官受到了过度的运动刺激，产生过量生物电，因而影响了神经中枢，而出现的出冷汗、恶心、呕吐、头晕等症状。

考考你

1. 超过月球的太空飞行，遇到的首要问题就是（　　）。

　　A 恶心　　B 头晕　　C 失重

2. 过长时间的失重会造成（　　）的永久性损伤。

　　A 心血管　　B 骨骼　　C 肌肉

答案：1. C 2. B